Johann Karl Bähr
Die Farbenlehre von
Isaac Newton und Johann Wolfgang von Goethe

SEVERUS Verlag

Meissner, Franz Hermann: Arnold Meissner. 2011
Neuauflage der Ausgabe von 1863
ISBN: 978-3-86347-350-1

Umschlaggestaltung: © SEVERUS Verlag

Bibliografische Information der Deutschen Nationalbibliothek: Die Deutsche Nationalbibliothek verzeichnet diese Publikation in der Deutschen Nationalbibliografie; detaillierte bibliografische Daten sind im Internet über https://dnb.de abrufbar.

Der SEVERUS Verlag ist ein Imprint der Bedey & Thoms Media GmbH,
Hermannstal 119k, 22119 Hamburg
E-Mail: kontakt@bedey-media.de

SEVERUS Verlag, 2011
http://www.severus-verlag.de
Gedruckt in Deutschland
Der SEVERUS Verlag übernimmt keine juristische Verantwortung oder irgendeine Haftung für evtl. fehlerhafte Angaben und deren Folgen.

Johann Karl Bähr

# Die Farbenlehre von Isaac Newton und Johann Wolfgang von Goethe

# INHALT.

### Erster Vortrag.
1) Aufruf zur Betheiligung an Abtragung einer Schuld gegen Göthe . . . . . . . . . . . . 1
2) Grundprincipien der Newton'schen und Göthe'schen Farbenlehre . . . . . . . . . . . 10

### Zweiter Vortrag.
Hypothesen über die Grundursache des Lichts und der Farben. 49

### Erster Anhang.
Mittheilungen und Urtheile über Newton und dessen Werke . 89

### Zweiter Anhang.
1) Auszüge aus dem Briefwechsel zwischen Schiller und Göthe 98
2) Aus dem Briefwechsel zwischen Göthe und Knebel . . 118
3) Aus dem Briefwechsel zwischen Göthe und Staatsrath Schultz 131
4) Aus dem Briefwechsel zwischen Göthe und Zelter . . . 138

### Dritter Anhang.
Ueber den dynamischen Werth der Farben . . . . . 140
Beschreibung der Tafel . . . . . . . . . 156
Namenregister . . . . . . . . . . 163

# ERSTER VORTRAG.

Von Mitgliedern unseres Vereins ist mehrfach an mich die ehrende Aufforderung ergangen, durch Vorträge eine Streitfrage zu beleuchten, deren endliche Entscheidung jedem denkenden Menschen, jedem Naturfreunde, insbesondere aber jedem Künstler von Wichtigkeit sein muss. Diese Streitfrage betrifft die Lehre von den Farben. Ich bin gern bereit dieser Aufforderung zu willfahren, bitte aber um Ihre Geduld und Nachsicht, weil eine klare, übersichtliche Behandlung dieser wichtigen Frage, durch die zarte Beschaffenheit des Gegenstandes und den Reichthum des Materials, seine grossen Schwierigkeiten hat.

Wie Ihnen bekannt sein wird, sind zwei Farbentheorieen aufgestellt worden; die eine etwa vor 200 Jahren von Newton, die andere gegen Ende des vorigen Jahrhunderts von Göthe. Beide Farbentheorieen sind, sowohl in ihren Grundprincipien, als auch in ihren Theoremen, so total verschieden, sich so schnurstracks entgegen, dass sie, so oft ein Fachgelehrter sich dazu herabgelassen hatte, die von einem Dichter aufgestellte Farbentheorie zu beachten, zu den heftigsten und bittersten Discussionen führten.

Die einzige Möglichkeit, um zu einer endlichen Schlichtung dieses längst genährten Streites zu gelangen, besteht meines Erachtens darin, dass das gebildete Publikum sich nicht mehr, wie es bisher geschehen war, dabei theilnahmlos verhalte.

Sollte es mir gelingen, in meiner Darstellung über die in Frage stehenden Theorieen Ihnen allenthalben klar und verständlich zu werden, so kann Ihre Theilnahme dafür nicht ausbleiben und ich erwarte alsdann auch Ihre Mitwirkung bei dem Kampfe für die Wahrheit. In neuerer Zeit hat Dr. Grävell in Berlin durch Rede und Schrift den Kampf für die Göthe'sche Farbenlehre gegen die Newton'sche begonnen, und auch anderwärts das Publikum auf diese Streitfrage aufmerksam gemacht; es wird Zeit, dass wir in Dresden in dieser Angelegenheit nicht unthätig bleiben. Beherzigen wir den Ausspruch Locke's: „Die Burg der Inanition zu bestürmen, ist höchstes Interesse des Menschengeistes."

Es hat der grösste Theil der Fachgelehrten, unter diesen Koryphäen der Wissenschaft, Partei für Newton genommen; ja, man hat von Seiten der Fachmänner den Scharfsinn des Mathematikers, seine feine Beobachtungsgabe bewundert und für alle Zeiten als ein Muster wissenschaftlicher Behandlung eines Gegenstandes angepriesen. Theils aus Trägheit, die es verhindert, einmal zur Belehrung zu lesen, theils aus Respect vor den Männern der Wissenschaft, pflegte man die Aussprüche dieser Herren über die Newton'sche Farbenlehre getrost nachzusprechen, ohne vorher sich mit eigenen gesunden Sinnen durch Experimente von dem Thatbestand selbst zu überzeugen. Man ist zwar gerechtfertigt, von einem Fachgelehrten die beste und gründlichste Beurtheilung über eine Angelegenheit, die in sein Fach schlägt, zu erwarten, wir sind aber leider durch die Erfahrung schon oft belehrt worden, dass gerade das Urtheil der naturwissenschaftlich Beflissenen nicht immer maassgebend ist. Es fehlt denselben oft eine freie Uebersicht über die Erscheinungen der Natur, weshalb sie dann in der Beurtheilung einer neuen Naturanschauung oder Entdeckung eine grosse Befangenheit kundgeben. In der Anerkennung der Newton'schen Farbenlehre von Seiten der Fachgelehrten ist uns, in Folge ihrer Befangenheit, wie Grävell treffend bemerkt, ein

Beispiel eines fehlerhaften Urtheils gegeben, wie es wohl kaum grossartiger jemals in der Geschichte der Wissenschaft vorgekommen ist. — Die leicht nachweisbaren Fehler und Widersprüche, welche Newton sich in seiner Farbentheorie zu Schulden kommen liess, sind unzählbar, ja, die ganze, mit pomphaften Floskeln aufgebaute Theorie erscheint einer unbefangenen Beurtheilung wie eine Mystification im wahren Sinne des Worts. — Nächstdem ist das eigenthümliche Verhalten der Fachgelehrten gegen die Angriffe von Seiten der Anhänger Göthe's beachtenswerth. Der Ton, den sie dabei anschlagen, ist der eines intellectuellen schlechten Gewissens, welches, wie Schopenhauer sagt, das Recht auf der anderen Seite spürt, und nun entschlossen ist, die ohne Prüfung gedankenlos angenommene Scheinwissenschaft, durch deren Festhalten man sich bereits seit 200 Jahren compromittirt hat, jetzt als ein für die Wissenschaft errungenes Eigenthum um jeden Preis zu vertheidigen. — Das schlechte Gewissen derselben offenbart sich auch in der Art, wie sie Göthe abzufertigen suchen, indem sie sich oftmals blos auf die allgemein anerkannte Auctorität Newton's berufen. In der Berufung auf die Meinung eines Anderen liegt aber kein sicheres Criterium der Wahrheit eigener Meinung, vielmehr wird damit ein offenes Bekenntniss des Mangels eigenen Urtheils abgelegt. Es lassen sich die abgeschmacktesten Meinungen, die widersinnigsten Lehren mit einer Auctorität belegen, und Auctoritätsglaube ist eine der ergiebigsten Quellen des Irrthums.

Herr Helmholz geht so weit, zu behaupten, es sei dem Dichter Göthe bei seinen Farbenexperimenten nur auf den schönen Schein angekommen.*) Ueberhaupt sei es eine Eigenthümlichkeit Göthe's, dass er Alles unmittelbar habe sehen wollen. Dies gehe aber in der Physik nicht immer an, in welcher man sich vielfach mit blossen „Be-

---

*) „Ueber Goethe's naturwissenschaftliche Arbeiten." Kieler Monatsschrift 1853.

griffen" helfen müsse. — Und dieses sagt ein Naturforscher, dem es doch bekannt sein muss, dass jede wahre ursprüngliche Erkenntniss zu ihrem innersten Kern irgend eine anschauliche Auffassung haben muss, dass die Naturwissenschaft es hauptsächlich mit den Erscheinungen der Dinge zu thun hat und eigentlich nur Erscheinungslehre ist. An Begriffen fehlt es der Newton'schen Farbenlehre freilich nicht; dass sie aber nicht auf Anschauung beruhen, sondern nur Hirngespinnste sind, dies zu beweisen, war die Aufgabe Göthe's.

Ein Fachgenosse des Herrn Helmholz hält jeden Angriff auf die Newton'sche Farbentheorie für überflüssig, weil diese Angelegenheit nach seinem Urtheile für die Oeffentlichkeit als längst erledigt zu betrachten sei. — Darauf ist zu erwidern, dass bis jetzt eine Controle von Seiten der Oeffentlichkeit über diese Streitfrage noch gar nicht stattgefunden hat. — Für einen anderen Bewunderer Newton's steht dessen Farbenlehre so unantastbar fest, wie die Astronomie, weil ihre Lehrsätze durch mathematische Beweise begründet seien. — Was aber die Beweiskraft des Mathematikers betrifft, so brauche ich nur an die von Ptolemäus aufgestellte Lehre über unser Weltgebäude zu erinnern. Sowie Ptolemäus für die Gelehrten nachfolgender Zeiten ein Orakel für die Astronomie war, gilt auch Newton für die Fachgelehrten als ein Orakel für die Farbenlehre. Mehr als 1000 Jahre lang haben die Mathematiker die Wahrheit des ptolemäischen Weltsystems beweisen wollen, bis Copernikus die tausendjährig sanctionirten Wahrheiten als Irrthümer aufdeckte und eine neue Lehre über das Weltgebäude aufstellte. Die gelehrten mathematischen Beweise, welche Newton und nachträglich die Schaar seiner Verehrer für dessen Optik beigebracht haben, dürfen uns nicht imponiren und davon zurückhalten, die Sätze seiner Theorie näher in's Auge zu fassen; wir werden alsdann finden, dass ihre abstracten Mittel nur dazu dienen, die Erschleichung des Grundprincips und die daraus folgenden vielfachen Trugschlüsse und Widersprüche zu vertuschen

Was die Verehrer Newton's an Göthe's Farbenlehre auszusetzen haben und wie sie bei ihren Angriffen verfahren, grenzt an's Unglaubliche. Herr Professor Helmholz behauptet in seinem Aufsatze: „Ueber Göthe's wissenschaftliche Arbeiten", dass Göthe in seiner Farbenlehre zwar wiederholt seine Nichtbefriedigung durch die Newton'sche Theorie ausspreche, dass er aber weder hierbei, noch in seinen späteren polemischen Schriften auch nur ein einziges Mal bestimmt bezeichnet habe, worin denn das Ungenügende der Erklärung liegen solle. — Ich bitte Sie, meine Herren, den polemischen Theil der Farbenlehre einmal zu lesen. Sie werden dann diese Behauptung des Herrn Helmholz nicht nur leichtfertig, sondern wahrhaft empörend finden, da Göthe in diesem Theile auf das Schlagendste Satz für Satz, auf jeder Seite, die von Newton aufgestellten Theoreme widerlegt.

Professor Dove behauptet in seiner Darstellung der Farbenlehre Seite 16, dass die Anhänger Göthe's sich gefangen geben in den Zauber der Darstellung, wie sie in seiner Farbenlehre herrsche. Er nennt diejenigen, welche die von Newton angenommenen periodischen Anwandlungen des Lichts nicht anerkennen, Ignoranten, sich zur Freude und Anderen zum Amusement. Göthe wird in dieser Schrift zwar oft erwähnt und dreist abgefertigt, aber seine schlagendsten Beweise gegen Newton werden gänzlich ignorirt.

Eine Aeusserung des Herrn Helmholz über die „ausnahmslose" Zustimmung der Naturkundigen für die Farbenlehre Newton's, worin ein neuer Beweis für deren Wahrheit liegen soll, ist eine entschiedene Unwahrheit, und kann nur von unwissenden Schülern, die auf das Wort des Meisters blindlings schwören, hingenommen werden. Dr. Aderholdt stellt sich zu diesen, indem er in seinem Vortrage über Göthe's Farbenlehre (1858) sich dahin ausspricht, dass bis auf den heutigen Tag sich nur Wenige, und zwar nicht sehr bedeutende Stimmen, zur Vertheidigung Göthe's erhoben hätten.

Newton's Lehre ist von vielen bedeutenden Männern und in vielen Schriften angegriffen worden; zu diesen Männern gehören: Mariotte (1684), Rizzetti (Venitianer, 1724), Gautier (Paris, 1749), Cölestin Cominale (Neapel, 1754), Guyot (Paris, 1769), Thomas Meyer (Göttingen, 1750), Marat (1779), Oken, der Erlanger J. W. Pfaff, der Physiolog Johannes Müller, sämmtlich bedeutende Forscher, deren Ruf den Lehrern der Naturwissenschaften doch bekannt sein müsste. Mariotte sowohl, als auch Gautier sahen sich durch die Anhänger Newton's um ihren Ruf gebracht.*)

Der Pater Castel († 1740), ein geistreicher Mann, Gegner Newton's, sagt: „Und hätte Herr Newton das Wahre gefunden; das Wahre ist unendlich und man kann sich nicht darin beschränken. Unglücklicherweise that er nichts, als auf einen ersten Irrthum unzählige Irrthümer häufen. Denn eben dadurch können Geometrie und scharfe Folgerungen schädlich werden, dass sie einen Irrthum fruchtbar und systematisch machen."

Einer unserer grössten Denker, Arthur Schopenhauer, weist in seiner Abhandlung: „Ueber das Sehen und die Farben", die kolossalen Irrthümer und absichtlichen Täuschungen in der Newton'schen Farbenlehre nach und geht in seinen physiologischen Untersuchungen von der Göthe'schen Farbenlehre aus. Von Dr. Grävell erschienen in den letzten Jahren vier Schriften, in welchen er als eifriger und warmer Vertheidiger der Verdienste Göthe's auftritt. Für den von Grävell unternommenen Kampf gegen die Zunftgelehrten ist ihm eine Zustimmung aus dem Kreise zugekommen, welchem die eigentlichen Praktiker für das Gebiet der Farben angehören, nämlich von den Malern. — Der mit der Mathematik vollständig vertraute Professor

---

*) Unter den Gelehrten, welche den lebhaftesten Antheil an Göthe's Untersuchungen nahmen, sind folgende zu nennen: Loder, Sömmering, Göttling, Wolf, Forster, Schelling. Unter jene vortrefflichen Männer, die ihn in seinem Unternehmen geistig förderten, gehört auch Schiller.

Beckmann von der Berliner Akademie war ein begeisterter Anhänger der Göthe'schen Farbenlehre. Die Berliner Spener'sche Zeitung brachte einen Correspondenzartikel aus Rom, in welchem mitgetheilt war, dass von den in Rom lebenden Malern die neuerdings von Grävell unternommenen Versuche für die Rechtfertigung Göthe's freudig begrüsst worden seien.*) Demnach hätten sich Physiker, Mathematiker, Physiologen, Philosophen und Maler für die Göthe'sche Farbenlehre erklärt. Die redegeübten Anhänger der Newton'schen Lehre sind zum grossen Theil trockene Theoretiker, die sich von der Art der Erscheinung physischer Farben keine richtige Vorstellung machen, sich daher mit ersonnenen, pomphaft klingenden, mathematischen Spitzfindigkeiten begnügen und das Erlernte schulgerecht von ihren Kathedern herab den wissbegierigen Schülern überliefern. Diese Theoretiker bilden zwar bei dem unternommenen Kampfe noch die Majorität, dies kann uns aber nicht entmuthigen, uns mit dem Thatbestande dieser Streitfrage näher bekannt zu machen.

In allen höheren Schulen wird die von Newton offenbarte Farbenlehre, dem Zeugnisse aller Erfahrung zum Trotz, noch heutigen Tages vorgetragen, und zwar mit einer Sicherheit, als wäre es eine ausgemachte, unumstössliche Wahrheit; Göthe's gründliche Widerlegung derselben wird dabei nicht mit einer Silbe erwähnt. — „Das Schicksal der Göthe'schen Farbenlehre, sagt Schopenhauer, ist ein schreiender Beweis entweder der Unredlichkeit oder der völligen Urtheilslosigkeit der deutschen Gelehrtenwelt; wahrscheinlich haben beide edle Eigenschaften dabei einander in die Hand gespielt." — Dies ist der Grund, weshalb eine neue Wahrheit von Belang, eine grosse Entdeckung oder Erfindung, so bald sie den deutschen Gelehrten-Corporationen, Akademieen oder naturwissen-

---

*) Aus dem Abdruck eines Schreibens an die Enkel Göthe's, von Dr. Grävell, 1860.

schaftlichen Gesellschaften zur Beurtheilung überlassen bleibt, keine Würdigung und Anerkennung findet und diese erst vom Auslande her erwarten muss. Das böse Gewissen wird diese Worte hart finden: „Lascia pur grattar dov'è la rogna." (Der Aussätzige mag sich kratzen.) Da bis jetzt die Göthe'sche Farbenlehre noch keinen Eingang finden konnte, so wird es endlich Zeit, dass alle diejenigen, welche das Grundfalsche, den handgreiflichen Trug der Newton'schen Lehre erkennen, ihr Verdammungsurtheil laut und öffentlich aussprechen, damit nicht fernerhin die deutsche studirende Jugend mit einer Scheinlehre dupirt werde. Dass die Zeit des Unterganges für die Farbenlehre der Physiker gekommen sei, beweiset der Zustand, in welchem sie sich, bei allem Eifer ihrer Vertreter, gegenwärtig befindet; denn sie vermag sich nur noch durch eitele, dialectische Kunst zu halten. „Alle falsche Kunst, sagt Kant, dauert ihre Zeit, denn endlich zerstört sie sich selbst, und die höchste Cultur derselben ist zugleich der Zeitpunkt ihres Unterganges."

In einer wissenschaftlichen Gesellschaft hat man kürzlich die Ansicht laut werden lassen: es käme dem Maler nicht zu, über den Werth oder Unwerth der Newton'schen Farbenlehre ein entscheidendes Urtheil abzugeben, als ob nicht vorzugsweise wir Maler, in deren Praxis recht eigentlich das Gebiet der Farben gehört, nicht nur die Berechtigung, sondern auch die Verpflichtung hätten, an dieser Streitfrage, an welche sich der Name unseres grössten Dichters knüpft, uns lebhaft zu betheiligen und ein entscheidendes Wort darüber mitzusprechen. Es waren auch die Praktiker, denen sich die Farbenphänomene täglich mit Gewalt aufdrängen, die Ersten, welche die Unzulänglichkeit der Newton'schen Theorie erkannten und sich der Göthe'schen zuwendeten.

Auch bei seiner Entdeckung der Metamorphose der Pflanzen war Göthe im Recht, hatte aber die Fachmänner anfangs gegen sich. Erst als ihm von Paris die gebührende Anerkennung seiner grossen Leistung wurde, fand dieselbe eine allgemeine Aufnahme. Ganz dasselbe erfuhr er mit seiner Entdeckung des Zwischenknochens, und es wird auch das Schicksal seiner Farbenlehre sein. War diese doch das Lieblingswerk Göthe's, die umfänglichste Arbeit seines reichen Lebens. Er vollendete seine irdische Laufbahn, ohne dass ihm die wohlverdiente Anerkennung für seine unsterbliche Leistung zu Theil ward. — Lassen Sie uns gemeinschaftlich mit dem dazu nöthigen Eifer darauf hinarbeiten, dass die gegen Göthe begangene schwere Schuld sobald als möglich gesühnt werde. Schon im Jahre 1840 hat der Maler und Präsident der Akademie in London, Sir Charles Eastlake, seinen Landsleuten, den Engländern, trotz Newton, die Göthe'sche Farbenlehre durch eine treffliche Uebersetzung bekannt gemacht und sie ihnen als die allein richtige Lehre empfohlen. Wäre es nicht eine Schmach für uns Deutsche, wenn wir, wie Unmündige, so lange mit der Anerkennung der Verdienste Göthe's in der Herstellung einer wahren Farbenlehre warten wollten, bis ein Ruf der Zustimmung von Engländern oder Franzosen zu uns gelangt. Göthe selbst sagt von seiner Farbenlehre: „sie ist so alt, wie die Welt und wird auf die Länge der Zeit nicht zu verläugnen und bei Seite zu bringen sein." Jeder wird ihm beistimmen, der sich mit seiner Lehre bekannt gemacht hat.

Ich mache Sie darauf aufmerksam, meine Herren, dass die deutsche Langsamkeit in der Anerkennung der Verdienste ihrer grossen Männer sprichwörtlich geworden ist. Beherzigen Sie meinen Vorschlag, gemeinschaftlich thätigen Antheil zu nehmen an dem in neuerer Zeit durch Dr. Grävell angeregten Kampfe für das Recht Göthe's, damit uns in dieser Angelegenheit nicht auch ein verdienter Vorwurf deutscher Langsamkeit treffe.

# Die Grundprincipien der Newton'schen und Göthe'schen Farbenlehre.

Motto: „Nur die ächten Werke, welche aus der Natur unmittelbar geschöpft sind, bleiben, wie diese selbst, ewig jung und stets urkräftig."
(Schopenhauer.)

Wenn eine neue Wahrheit Raum gewinnen soll, müssen stets alte vererbte Vorurtheile und fehlerhafte Ansichten bekämpft und beseitigt werden. Es wird mithin der eigentliche Zweck meines Vortrags darin bestehen, Ihnen die Mittel an die Hand zu geben, sich von dem absolut Falschen der Newton'schen Optik gründlich überzeugen zu können. Ich werde Ihnen die wesentlichen Unterschiede zwischen der Newton'schen und Göthe'schen Theorie angeben und dann, durch Zeichnungen, oder, wo möglich, mit Hilfe des Prismas, Sie mit einigen der wichtigsten Farbenphänomene und mit der Art ihrer Erscheinung bekannt machen.

Newton fand, dass ein Sonnenstrahl, welcher durch ein kleines Lichtloch im Fensterladen eines dunkeln Zimmers auf ein Prisma geleitet wird, auf der gegenüberstehenden Wand, ein in die Länge gezogenes Sonnenbild, das sogenannte Spectrum erzeuge, in welchem die schönsten Regenbogenfarben zum Vorschein kommen. In dieser Ausbreitung der Regenbogenfarben glaubte Newton ein Seitenstück zur Tonleiter, eine Farbenleiter, gefunden zu haben. Auf die Wahrnehmung der Farbenreihen stützte Newton die abenteuerliche Lehre, dass das farblose weisse Licht eine Zusammensetzung aus sieben farbigen oder farbemachenden Lichtern sei, welche, unter gewissen Umständen, durch die Berührung mit lichtbrechenden Körpern, aus der Unsichtbarkeit hervorträten, sich also aus dem Lichte aussonderten. Das weisse Licht ist nach dieser Annahme ein zusammengesetztes; Newton bezeichnete es als ein heterogenes, veränderliches; die in dem weissen Lichte enthaltenen farbemachenden Lichter nannte er homogen (gleichartig, unveränderlich). Dies ist der Grund- und Eckstein der Newton'schen Optik.

Als Göthe durch das Prisma eine weiss betünchte Wand anschaute, bemerkte er, dass sie nach wie vor weiss blieb und dass nur, wenn ein Dunkeles daran stiess, sich eine mehr oder weniger entschiedene Farbe zeigte; dass zuletzt die Fensterstäbe, gegen die helle Luft gesehen, am allerlebhaftesten farbig erschienen, indessen am lichtgrauen Himmel draussen keine Spur von Färbung wahrzunehmen war. Göthe schloss daraus, dass die prismatische Farbe aus der Wechselwirkung zweier Factoren, des Lichts und einer entgegenwirkenden Hemmung, der Finsterniss, hervorgehe, und dass die Newton'sche Lehre falsch sein müsse.

Nach Newton's Theorie soll das weisse Licht das Product sieben homogener, farbiger Lichter sein. Nach Göthe sind die Farben ein Product des farblosen Lichts. Newton's unveränderliche Farbenlichter sind fertig im Lichte enthalten. Nach Göthe sind die Farben nur eine Modification des Lichtes, ein eigenthümlicher Mittelzustand zwischen Licht und Finsterniss und nur ein Werdendes.*)

Lassen wir das Sonnenlicht auf ein aufrechtstehendes Prisma fallen, so erscheinen hinter demselben zwei nach

---

*) Schon die Griechen hatten bemerkt, dass die Farben zwischen Licht und Finsterniss entspringen. Anastasius Kircher, geb. 1601, spricht sich dahin aus, dass alles, was sichtlich in der Welt ist, es nur ist durch ein schattiges Licht oder einen lichten Schatten. Die Farbe ist nach ihm des Lichts und des Schattens ächte Ausgeburt. Dieselbe Ansicht über die Farben theilte Funcius und Lazarus Nuguent, beide im Anfange des 18. Jahrhunderts.

entgegengesetzten Richtungen sich ausbreitende Lichtstreifen. Beschatten wir die Lichtstreifen mit einem Gegenstande, einem Bogen Papier, einem Buche, so erscheinen an diesen Lichtstreifen Farbensäume, die vorher nur sehr schwach wahrgenommen werden konnten. Diese Wahrnehmung bestätigt das Resultat des oben angeführten, von Göthe gemachten, subjectiven Versuchs. Er sah nur dann Farbenerscheinungen, wenn an den hellen Gegenstand ein dunkler anstiess.

Betrachten wir die Farbensäume an den durch das Prisma hervorgebrachten Lichtstreifen, so werden wir finden, dass allemal ein rothgelber Saum an der der brechenden Kante des Prisma's abgewendeten, ein blauer und violetter Saum an der der brechenden Kante zugewendeten Seite der Schatten sichtbar wird. (Siehe die Tafel, Fig. 1.) Beim rothgelben Saum erscheint das helle Licht gedämpft, getrübt, beim blau-violetten dagegen der dunkele Grund des Schattens von schwachem Lichte erhellt. Die gelbrothe Farbe entsteht, nach Göthe, durch das Ueberwiegen des hellen Lichtes, die blaue Farbe durch das Ueberwiegen des schwachen Lichtes.

Diese Farbenbildung, wie sie sich am Prisma mit Bestimmtheit nachweisen lässt, hat schon Hooke, ein Zeitgenosse Newton's, richtig erkannt. Er erklärte nämlich den Eindruck der Farben aus der Wechselwirkung eines stärkeren und schwächeren Lichtes, durch dessen wechselnde Folge, beim Gelb und Roth ein stärkerer Theil dem schwächeren, beim Blau ein schwächerer dem stärkeren vorangingen.

Dem objectiven Versuch kann man einen subjectiven an die Seite stellen, wodurch wir in den Stand gesetzt werden, durch Anwendung beider in die Natur der Farbenerscheinungen tiefer einzudringen. Wir nehmen bei den subjectiven Versuchen dieselben Farbenerscheinungen wahr, wie sie bei den objectiven Versuchen hervortreten, doch nehmen hier die Farbensäume eine entgegengesetzte Stelle ein; wo dort der orange Saum lag, erscheint er hier blau und umgekehrt. Die wahre Ursache dieses scheinbaren Widerspruchs ist die, dass wir in dem Falle der subjectiven Betrachtung den beleuchteten Gegenstand, oder das beleuchtende Bild, bei der objectiven hingegen das Sonnenbild (Spectrum), welches durch das vom Sonnenlicht bestrahlte Prisma entstanden ist, anschauen.

Folgende subjective Versuche werden Sie von dem Einflusse, den die dunkelen Grenzen bei den prismatischen Farben ausüben, überzeugen. Hinsichtlich dieser subjectiven Versuche ist im Allgemeinen zu bemerken, dass das gewöhnliche Prisma, wagerecht gehalten, mit der brechenden Kante nach unten, die Gegenstände nach dem Beobachter zu bewegt, mit der brechenden Kante nach oben gekehrt, die Gegenstände dem Beobachter abrückt. Denkt man sich, wie Göthe bemerkt, diese beiden Operationen im Kreise herum, so wird durch den ersten Versuch der Raum um den Beobachter verengt, durch den zweiten erweitert. — Damit Sie ein übereinstimmendes Resultat erhalten, bitte ich, bei den nachfolgenden Versuchen das Prisma jedesmal mit der brechenden Kante nach unten zu halten.

1. Versuche mit weissem und schwarzem Papierbogen.
2. Versuche mit weissem Viereck auf schwarzem Grunde und umgekehrt.
3. Versuche mit Grau auf schwarzem Grunde.

Sie werden bei diesen Versuchen wahrgenommen haben, dass prismatische Farben nur da entstehen, wo hell und dunkel, und zwar in der Richtung der Verrückung des Urbildes, zusammentreffen, und dass die Lebhaftigkeit der Farben allemal von dem Contraste zwischen Licht und Finsterniss abhängig ist. Je reiner das Weiss, je lebhafter das Licht, je tiefer der Schatten oder die Dunkelheit, desto intensiver erscheinen die Farben. Göthe hatte demnach Recht, die prismatischen Farben als einen Mittelzustand zwischen Licht und Finsterniss zu bezeichnen und die Richtigkeit der Newton'schen Lehre von den homogenen Farbenlichtern zu bestreiten.

Die Einsicht in den Vorgängen bei der Verrückung des Bildes und der Farbenbildung wird durch folgendes Experiment noch vermehrt.

Man nehme ein weisses Rund auf schwarzem Grunde, ein schwarzes Rund auf weissem Grunde. Betrachtet man das weisse Rund durch ein Vergrösserungsglas, so wird dieses ausgedehnt, zieht sich scheinbar nach dem Schwarzen hin und es entsteht der blaue Rand. Betrachtet man durch das Vergrösserungsglas das schwarze Rund, so scheint sich dieses über den weissen Grund auszudehnen, wodurch der rothgelbe Rand entsteht.

Beschaut man die beiden Bilder durch ein Verkleinerungsglas, wodurch sie sich zusammenziehen, so werden die Farbensäume entgegengesetzt gefärbt erscheinen. Das weisse Rund zieht sich dann zusammen, der dunkele Grund bewegt sich scheinbar nach dem weissen Rande, und dieser erscheint rothgelb. Am schwarzen Rund, das sich zusammenzieht, und wo der helle Grund scheinbar sich gegen das Dunkel bewegt, entsteht der blaue Rand.

Legt man nun auf ein weisses Rund ein kleineres schwarzes Rund und betrachtet beide durch ein Vergrösserungsglas, so erscheinen die oben angegebenen Farbensäume gleichzeitig; am weissen Rund ein blauer, am schwarzen ein gelbrother. Durch ein Verkleinerungsglas betrachtet, bilden sich die Farben auf umgekehrtem Wege. Hierin liegt ein neuer Beweis, dass nur da, wo Licht und Finsterniss zusammentreffen, die prismatischen Farben hervortreten und dass dieses Randerscheinungen sind, die sich umkehren, je nachdem dem Bilde ein hellerer oder dunkelerer Grund, als es selbst ist, gegeben ist. Bei der Verrückung des Urbildes entsteht also allemal ein Neben- oder Doppelbild, an dessen Rändern die Farben sichtbar werden.

4. Versuche mit einem Vergrösserungsglase; ein weisses Rund auf schwarzem Grunde; ein schwarzes Rund auf weissem Grunde.

5. Versuche mit dem Verkleinerungsglase, wie oben.

6. **Versuche mit einem weissen Rund, das ein kleineres schwarzes Rund in sich hat.**

Mit diesen Experimenten wird das Grundphänomen aller Farbenerscheinungen bei Gelegenheit der Refraction gegeben, welche, wie Göthe hinzufügt, dann freilich auf mancherlei Weise, variirt, erhöht, verringert, verbunden, zuletzt aber immer wieder auf ihre ursprüngliche Einfalt zurückgeführt werden kann. — Da die subjectiven Versuche völlig mit den objectiven parallel gehen, so kann man sich davon überzeugen, dass die prismatischen Farbenphänomene sowohl dem Licht als dem Schatten angehören. Schon in der Castel'schen Abhandlung wird das Gebundensein der prismatischen Farben an das schwächere Licht der Schatten hervorgehoben.

In der Newton'schen Optik bekommen wir durchaus keine klare Einsicht über den eigentlichen Vorgang bei der prismatischen Farbenbildung. Newton stellt seine Versuche ohne Ordnung, ganz nach Belieben an, weil er nur beabsichtigt, durch sie seine Argumente zu bekräftigen. Dadurch ist es dem Leser der Newton'schen Optik unmöglich, sich eine Einsicht von dem wichtigsten Grundphänomen, dem Spectrum, zu verschaffen. Diesen Mangel einer richtigen Einsicht von der Entstehung der Farben im Spectrum verrathen noch heutigen Tages die Physiker. Eine Stelle aus der Schrift des Dr. Aderholdt giebt uns davon den schlagendsten Beweis. Bei seiner Erwähnung Schopenhauer's macht er die Bemerkung, dass derselbe sich an dem Göthe'schen Schattenspiel kindlich erfreue. — Nach Herrn Dove's Meinung,*) ist es jetzt vollkommen lächerlich, von der übersehenen Wirkung der Ränder beim Spectrum noch zu sprechen. — Eine klare Einsicht von der Bildung prismatischer Farben hatte Newton selbst nicht. Er leugnete mit Entschiedenheit, dass die Begrenzung des Lichts auf die Entstehung prismatischer Farben von Einfluss sei. Eine solche, der Erfahrung ganz widersprechende

---

*) Darstellung der Farbenlehre, p. 140.

Behauptung Newton's erscheint vielleicht unbegreiflich, ist aber erklärbar, wenn man annimmt, Newton habe, bevor er die Farbenerscheinungen am Prisma beobachtete, in seinem speculativen Kopfe sich eine Farbenlehre fertig ersonnen, und bei den von ihm angestellten Experimenten nur solche Farbenerscheinungen berücksichtigt, welche seine ersonnene Farbentheorie zu bestätigen schienen.

Newton liess z. B. bei seinen ersten Versuchen das Sonnenlicht in ein dunkles Zimmer durch ein kleines Lichtloch auf das Prisma fallen. Durch das kleine Lichtloch, oder durch eine enge Spalte im Fensterladen, entsteht aber allemal ein kleines Sonnenbild (Spectrum), in welchem die Farbenränder schneller genähert werden und das Sonnenbild alsdann ganz gefärbt erscheinen muss. Das Spectrum ist aber nicht ganz gefärbt, wenn man in ein dunkeles Zimmer das Sonnenlicht durch ein grösseres Lichtloch oder durch eine breitere Spalte auf das Prisma fallen lässt. Man sieht dann die Mitte des Spectrums, wie oben angegeben wurde, ganz weiss, und nur an den Rändern, wo Licht und Schatten zusammentreffen, die Farbensäume. Das ganze Spectrum überzieht sich hier nur dann erst vollständig mit Farben, wenn man das Prisma etwas wendet, oder wenn man das Sonnenbild in einer grösseren Entfernung vom Prisma auffängt. Man wird bei diesem Vorgang auch deutlich gewahr, dass das im Farbenbilde fehlende Grün sich erst aus dem theilweisen Zusammentreffen des gelben und blauen Saumes zusammensetzt. (Siehe die Tafel, Fig. 2.)

## Subjective Versuche.

7. Versuche mit einem breiten weissen Papierstreifen auf schwarzem Grunde.
8. Versuche mit einem schmalen weissen Streifen auf schwarzem Grunde.
9. Versuche mit schwarzem Streifen auf weissem Grunde.

Bei dem Versuche mit dem weissen breiten Papierstreifen werden Sie nur die Ränder gefärbt bemerkt haben, an dem schmalen weissen Streifen zeigte sich Ihnen das ganze Urbild gefärbt mit dem Grün in der Mitte; womit das Farbenbild geschlossen wird. Bei dem schwarzen breiten Streifen erscheinen ebenfalls die gefärbten Ränder, aber durch den hellen Grund in umgekehrter Lage. Auch beim schmalen schwarzen Streifen zeigt sich das ganze Urbild gefärbt, nur wegen der umgekehrten Lage der Farbenränder in der Mitte statt Grün ein schönes Roth. Diese subjectiven Versuche machen den Unterschied zwischen dem Gebrauche eines kleinen Lichtloches oder schmalen Spalte und dem eines grösseren Loches und breiteren Spalte bei den objectiven Versuchen anschaulich.

Die Anhänger Newton's haben es wohl verstanden, dem von Newton betretenen Wege der handgreiflichen Täuschung treu zu folgen; denn sie empfehlen noch immer sehr angelegentlich bei diesen Experimenten ein kleines Lichtloch oder eine schmale Spalte, doch nur in der Absicht, dass die homogenen Lichter, oder die Newton'schen farbemachenden Elementargeister nicht ausbleiben.[*]
Auch werden kleine Prismen mit stumpfen Winkeln empfohlen, wie schon Newton diesen den Vorzug gab. Diese sind sehr geeignet, den Beobachter zu täuschen, weil hier die beiden farbigen Säume näher liegen und sich daher viel

---

[*] „Professor Fries", schreibt Göthe an Zelter, „der in Jena den alten Newton'schen Unsinn noch immer fortlehrt, durfte in seinem Compendium nicht vom kleinen Löchlein sprechen, das habe ich ihnen denn doch verkümmert; nun spricht er von einem schmalen Streifen, was nun ganz dumm ist. Aber was ist einer Partei zu dumm, das sie nicht als Hocus-Pocus vorbringen mögte."

„Dich geht die Sache nichts an, und es sollte mir leid sein, wenn Du Dich im mindesten darum kümmertest, aber das darf ich Dir wohl sagen, indem ich nun bald vierzig Jahre zusehe, wie sich der mathematisch-physikalische Leviathan mit dem Harpun benimmt, den ich ihm in die Rippen geworfen habe."

geschwinder erreichen, wodurch die Farbenausbreitung schneller erfolgen muss.

Dass die prismatischen Farben bei Anwendung eines grossen Lichtloches, durch einen breiten Streifen Lichtes getrennt, in zwei Bündeln zur Erscheinung kommen, hat Newton vorsätzlich nur beiläufig erwähnt, damit die Nachfolger verhindert werden, die Augen über den wahren Vorgang zu öffnen. Es stellte nämlich Newton, wie seine ersten Schüler, die Brechung des Lichtes und die Farbenerscheinung als ein und denselben Act vor. In dem breiten, nur mit Farben gesäumten weissen Streifen des Spectrums und dem weissen Streifen Papier auf schwarzem Grunde, beim subjectiven Versuche, wird der Beweis gegeben, dass ein Licht die Brechung erleiden, das Urbild von seiner Stelle gerückt sein könne, ohne dabei völlig farbig zu erscheinen. Die weisse Mitte im Spectrum, welche die falsche Ansicht Newton's über die Entstehung der prismatischen Farben verrathen musste, durfte nur nebenbei erwähnt werden.

In diesem Verfahren Newton's und seiner Anhänger „erkennt man die Absicht und man wird verstimmt." Vorsetzlich werden Natur und Wahrheit verhüllt, um uns an die Existenz homogener, farbemachender Lichter glauben zu machen. Die Physiker tragen die unverzeiliche Schuld, die Irrlehre Newton's aufrecht zu erhalten, ihre Lehrsätze, sobald denselben durch Angriffe Gefahr droht, mit neuen Scheingründen zu stützen, um sie einer noch unkundigen Jugend für Wahrheit auszugeben. Dem nüchtern prüfenden Blick schrumpft das glänzende Phänomen menschlichen Scharfsinns bei diesem einen Beispiele, wie Newton das Prisma gebrauchte und dabei den wahren Vorgang der prismatischen Farbenerscheinungen verschwieg, in ein leeres Hirngespinnst zusammen.

Weder bringt Newton stichhaltige Beweise für seine Grundprincipien bei, noch erkennt er bei seinen Demonstrationen Thatsachen an, die sich Jedem darbieten, der vom Prisma Gebrauch macht. Daraus entstehen in seiner

Lehre Widersprüche der auffallendsten Art. „Sicher hat Newton selbst nicht bei jedem seiner Lehrsätze," sagt der treffliche Locke, „die ganze grosse Kette der Mittelbegriffe immer gegenwärtig vor Augen gehabt, wovon er ihn ausgeführt hat. Freilich wird das Mangelhafte des Gedächtnisses dann auch in diesem Falle eine Ursache mit von der Unvollkommenheit demonstrativer Erkenntniss." Wenn es für seine Zwecke passt, empfiehlt Newton ein kleines Lichtloch, eine schmale Spalte und ein kleines Prisma. An einer anderen Stelle behauptet er dagegen: „Die verschiedene Grösse der Oeffnung im Fensterladen und die verschiedene Stärke der Prismen, wodurch die Strahlen hindurchgehen, machen keinen merklichen Unterschied in der Länge des Bildes." — Diese beiden Behauptungen sind nicht wahr, weil die Grösse der Oeffnung und die Grösse des Winkels des gebrauchten Prisma's vorzüglich die Ausdehnung der Länge des Bildes gegen seine Breite bestimmt. Ein Prisma von einem stumpferen Winkel verrückt das Bild stärker, macht eine grössere Differenz in der Länge des Bildes zur Breite, als ein anderes von einem spitzeren Winkel.

Newton bestreitet bei der Entstehung prismatischer Farben die Mitwirkung zweier Factoren, des Lichtes und der Finsterniss. Wir sehen aber die prismatischen Farben nur da entstehen, wo Licht und Finsterniss zusammentreffen. Es ist nicht das gebrochene Licht als Licht, sondern nur als ein verschobenes Bild, das die Farbenerscheinungen hervorbringt; bei geringer Brechung wird dieses nur an den Rändern, bei stärkerer aber völlig gefärbt. Die Refraction wirkt auf das Bild nicht rein, sondern es entsteht scheinbar ein Doppelbild, dessen Ränder gefärbt werden. Es kann bei prismatischen Erscheinungen also nur von einem begrenzten Licht, von Bildern, oder von der ungleichmässigen Verschiebung der Licht- und Schattenmassen die Rede sein; eine farbige oder unfarbige Fläche, durch's Prisma angeschaut, erscheint verrückt, aber ohne prismatische Färbung.

Nach Newton's Behauptung wird im Spectrum eine stete Reihenfolge homogener Lichter dargestellt. Dies wird durch die Erfahrung widerlegt, denn wir sehen ursprünglich nur zwei Farben, die an den Seiten des aus dem Prisma getretenen, verschobenen Lichtes als Säume auftreten. Ein ganz gefärbtes Spectrum entsteht erst, wie ich erwähnt habe, bei der Anwendung eines kleinen Lichtloches, nach einer Wendung des Prisma's, oder in einer grösseren Entfernung vom Prisma.

Die Farben des Spectrums als Scala, wie bei der Tonleiter, von sieben Stufen in einer Reihenfolge anzunehmen, wie wir es in Newton's Farbentheorie finden, ist schon deshalb unstatthaft, weil die Farben im Spectrum aus Gegensätzen, die sich erst später vereinigen, entstehen; in der Tonleiter dagegen die Töne von einem gegebenen Tone nach bestimmten Grenzen aufsteigen. Ein solcher Gegensatz, wie bei den Farben, findet in einer Tonleiter nicht statt. Ferner war es von Newton verfehlt, sieben homogene Lichter anzunehmen, da die prismatischen Farben nur paarweise auftreten, und zwar durch Ausbreitung der Farbensäume nach der weissen Mitte. So bilden sich daraus zwei entgegengesetzte Farbengruppen, wovon die eine der brechenden Kante des Prisma's zugewendet, die andere der brechenden Kante abgewendet ist. Nach Göthe gehört jene Farbengruppe der Licht-, diese der Schattenseite an. Unter Umständen können nur drei Grundfarben und durch gegenseitige Deckung zweier derselben, nur drei Mischfarben entstehen, weshalb auch nur sechs Hauptfarben angenommen werden können; die siebente von Newton angenommene Farbe bezeichnete er mit Indigo. Diese Farbe ist doch weiter nichts als eine Schattirung von Blau. Wie die Schattirung einer Farbe für eine Grundfarbe, ein homogenes Licht, gelten kann, ist weder dem Newton, noch vielen seiner Anhänger ungereimt erschienen.

Die farbigen Lichter, welche nach Newton's Theorie nur durch die Berührung mit lichtbrechenden Körpern aus dem weissen Lichte in sieben Strahlen abgesondert werden, sollen die Eigenschaft haben, unveränderlich, gleichbleibend zu sein, weshalb sie die homogenen oder Urlichter genannt werden. Vortrefflich! Wie verhält es sich aber mit dem Grün, das sich erst vor unseren Angen ganz gelassen aus Gelb und Blau zusammensetzt, uns seine illegitime Abstammung verrätherisch enthüllt und doch zu den unveränderlichen Farbenlichtern gehören soll. Das Grün, gerade in die Durchschnittslinie des früheren weissen Lichts gelangt, müsste dieselbe Brechung, als das weisse Licht haben. Grävell erwähnt in seiner Schrift „Göthe im Recht gegen Newton" die Mischungsfarben im Spectrum und stellt sie als Gegenbeweis homogener Lichter auf. Dr. Aderholdt, ein Anhänger Newton's, führt folgende Stelle Grävell's in seiner Schrift (pag. 63) an: „Man kann, — sagt Grävell — ganz nach Belieben Spectra mit und ohne dazwischen liegendes Weiss bilden, jenachdem man durch die Form der Projection die farbigen Säume von einander fern hält, oder sie zusammentreten lässt. Nur dann, wenn man den gelben und blauen Saum einander so weit nähert, dass sie theilweise übereinander fallen, erscheint das Grün, ein sicherer Beweis, dass dasselbe nicht, wie Newton lehrte, als uranfänglicher Lichtstrahl vermöge seiner besonderen Brechungsart aus dem Prisma hervorschiesst, sondern dasselbe erst aus der Vermischung des gelben und blauen Farbensaumes hervorgeht." Aderholdt lässt sich in folgender Weise darüber aus: „„Solche Art Beweise hat dereinst der Pfaffen Bornirtheit und Niederträchtigkeit gegen die Bewegung der Erde vorgebracht. Man sieht es ja, die Sonne bewegt sich — so ruft auch wohl noch heute die Unwissenheit und schüttelt den Kopf zu der Erklärung, warum man es so sehe.""

„„Die weisse Mitte eines Spectrums ist nach der Newton'schen Theorie als entstanden aus der Zusammenwirkung der prismatischen Farben anzusehen. Es giebt keine Erscheinung, welche gegen diese Behauptung stritte.""

So weit Dr. Aderholdt. — Sie mögen, meine Herren, beurtheilen, inwiefern diese Behandlungsweise einer ernsten Streitfrage den Character einer wissenschaftlichen Forschung nach Wahrheit an sich trägt. Durch Schmähungen können unmöglich beigebrachte Beweise, die gegen eine Theorie sprechen, beseitigt werden; ferner grenzt es an's Lächerliche, wenn von der Gegenpartei, ohne Weiteres, das eben gründlich widerlegte Newton'sche Grundprincip von Neuem als unumstössliche Wahrheit aufrecht erhalten wird.

Ausser dem Grün fehlt sehr häufig, und regelmässig bei Anwendung einer schwachen Beleuchtung, auch noch Violett. „Hätten nun zwar Newton und seine Nachfolger, wie Dr. Grävell hervorhebt, dieses Unsichtbarbleiben mehrerer Farben und die weisse Mitte des Spectrums aus der gegenseitigen Deckung der Farbenlichter zu erklären gesucht, so reichte doch dieser Erklärungsversuch augenscheinlich für die Entschuldigung des ausbleibenden Violett nicht aus, da dieses als das äusserste Glied in der Reihe der Farbenlichter, als das nach Newton am stärksten brechende Licht, unter solchen Umständen, nicht unsichtbar hätte werden können."

Die Zerlegung des weissen Lichts in sieben homogene Farbenlichter, kann aus dem Vorhergehenden nur als ein kolossaler Irrthum gelten. Dessenungeachtet behauptet Professor Dove:*) „Eine Farbenlehre, die nicht zum Bedürfniss der Homogeneität der Farben gekommen ist, ja, wo dieses Bedürfniss vorhanden ist, es nicht begreift oder vielmehr, wie die Göthe'sche, es durch „gemahlte Mucken" verspottet, ist einer Akustik zu vergleichen, in welcher von Tonverhältnissen nicht die Rede sein soll, oder in der es gleichgültig ist, ob die Töne rein oder unrein, es ist der Standpunkt äusserlicher Wahrnehmung, wo eben von Theorie gar nicht die Rede ist." Wir beneiden Herrn Dove nicht um den Vorzug eines besonderen Sinnes für

---

*) Darstellung der Farbenlehre p. 29.

die Homogeneität, weil ein solcher Vorzug den Verlust anderer Sinne nach sich zu ziehen scheint. Herr Dove hätte sonst bemerken müssen, dass die Newton'sche Theorie auf einer Principserschleichung beruht, dass Newton aus lauter falschen Prämissen nur falsche Conclusionen ziehen konnte und dass ferner ein Vergleich der Farben mit den Tönen, im strengsten Sinne, unzulässig ist. Die anatomische Verschiedenheit in der Gestaltung der Sinnesorgane, des Auges und des Ohres, weist auf eine ebenso verschiedene Beschaffenheit zwischen Farben- und Schalleinwirkungen hin.

Die Homogeneität farbiger Lichter, oder die Annahme von sieben Urlichtern, ähnlich den sieben Stufen einer Tonleiter, ist nur einzig und allein eine Newton'sche Erfindung, für die in seiner reich mit Spitzfindigkeiten ausgestatteten Farbentheorie auch keine Spur eines Beweises aufgefunden werden kann. Statt ein hypothetisches Grundprincip, wie die homogenen Lichter, für den Ausgangspunkt einer Farbentheorie anzunehmen, ist es einer wahren Forschung über die Natur der Farben angemessener, erst die Art ihrer Beziehungen zu dem dazu bestimmten Organe, dem Auge, sicher festzustellen. Göthe stellt in seiner Farbenlehre daher die physiologischen Phänomene für die Untersuchung der Farben obenan und erkennt dieselben als die gesetzmässige Natur im Bezug auf den Sinn des Auges. Die physiologischen Farben bilden das Fundament der Göthe'schen Farbenlehre und enthalten den Schlüssel zu seiner Erkenntniss. Sie waren der Ausgangspunkt für seine Beobachtungen der physischen Farben. Verfolgen wir den Weg, den er eingeschlagen, und beobachten die Erscheinungen des Spectrums, so kommen wir zu ganz anderen Resultaten, als Newton und seine Anhänger. Wir werden genöthigt, statt sieben homogener Lichter nur zwei Urfarben anzuerkennen, von denen die eine, das Gelb, der Lichtseite, die andere, das Blau, der Schattenseite angehört. Eine dritte Farbe, die zwar im Spectrum ursprünglich nicht ganz rein, wohl aber durch

Uebergreifen zweier entgegengesetzter Säume lebhaft zur Erscheinung kommt, ist das Roth; sie ist die einzige Vermittlerin zwischen jenen beiden Farben, weshalb sie für eine Grundfarbe gelten muss. Grundfarben wären demnach Gelb, Roth und Blau; Orange, als ein in's Roth gesteigertes Gelb, ist eine Mischfarbe, ebenso das Grün, da es sich aus Blau und Gelb zusammensetzt. An der äusseren Grenze des Spectrums, neben der blauen Farbe, finden wir Violett, die dunkelste aller Farben. Ein grosser Theil der von Newton in dem weissen Lichte angenommenen, ursprünglichen Farbenlichter, welche sich durch äussere Bedingungen in ihrer Uranfänglichkeit und Unveränderlichkeit manifestiren sollen, haben die sonderbare Eigenschaft, von den zusammengesetzten sich nicht zu unterscheiden.

Eine wahre Farbenlehre kann nur drei Grundfarben und drei Mischfarben, oder drei Farbenpaare anerkennen. In ihrer Zusammenwirkung bilden je zwei Farben Gegensätze, die, wenn sie als Pigmente gemischt werden, ein schmutziges Grau, unter Umständen sogar ein tiefes Schwarz (kein Weiss) hervorbringen, oder, wenn eine derselben von uns längere Zeit betrachtet wird, in unserem Auge den Gegensatz, das Complement, erzeugen. Man hat sie deshalb complementäre Farben genannt. Diese sind Roth und Grün, Gelb und Violett, Orange und Blau. Unter den Farbenpaaren ist allemal die eine eine Grund-, die andere eine Mischfarbe; jedes Farbenpaar besteht ohne Ausnahme aus den drei Grundfarben: Gelb, Roth und Blau.

Eine solche klare Einsicht von den Beziehungen der Farben unter sich und zu unserem Auge gewinnt man nur auf dem Standpunkt äusserer Wahrnehmung. Resultate, welche auf dem Standpunkte innerer Anschauung erfolgt sind, überlassen wir gerne dem, der mit einem Sinne für Homogeneität besonders begabt zu sein glaubt.

Newton hat die weisse Mitte im Spectrum nur beiläufig erwähnt, weil sie seiner Theorie nicht entsprach. Bei allen Widersprüchen, die sich seiner Theorie entgegenstellten, war er niemals in Verlegenheit, sie mit einer Erklärung abzufertigen. Die Erklärung der weissen Mitte im Spectrum besteht darin, dass er sie durch die Zusammenwirkung der sieben farbigen Lichter entstehen lässt. — Die Anhänger Newton's halten an dieser ganz unbegründeten Erklärung der weissen Mitte im Spectrum fest. Herr Dove sagt in seiner Darstellung der Farbenlehre p. 219: „Die homogenen Farben treten durch Brechung noch nicht vollständig aus einander, sondern fallen an bestimmten Stellen noch über einander. Dies ist die weisse Mitte des Spectrums einer grossen Oeffnung."

Diese Erklärung Newton's und seiner Anhänger stimmt aber nicht mit der Entstehung eines ganz gefärbten Spestrums überein, weil erst durch eine Wendung des Prisma's, durch den Gebrauch eines kleinen Lichtloches, oder wenn das Sonnenbild aus einer grösseren Entfernung vom Prisma aufgefangen wird, das Sonnenbild vollständig gefärbt erscheint, und die Farbenausbreitung durch's Prisma dabei nur von den Schattenrändern nach der weissen Mitte erfolgt, aber niemals aus der Mitte nach den Rändern. Ferner erweist sich die Natur der gleichbleibenden und unveränderlichen Farbenlichter, welche das farblose Licht herstellen sollen, als eine sehr ungleiche und veränderliche. Denn mit dem Grade der Lichtstärke, verbunden mit grösserer Dunkelheit der Schatten, nehmen die prismatischen Farben auch verschiedene Grade der Lebendigkeit an, worauf sie sich auf das Unzweideutigste als das Product zweier Factoren, des Lichts und der Finsterniss, ergeben. — „Newton hatte," wie Grävell sehr richtig sagt*), „in seiner Theorie die in der Wirklichkeit vorliegenden Verhältnisse vollständig umgekehrt, indem er das aus einer Verschmelzung entgegengesetzter Elemente hervorgegangene Product der Farbe zu einem einfachen Urstoff, dagegen das einige Element des farblosen Aethers zu einem aus sieben Urstoffen zusammengesetzten Aggregat

---

*) Die zu sühnende Schuld gegen Göthe, p. 30.

umgestempelt hatte. — „Nach dem Allen werden die Leser vielleicht finden, das keineswegs zu Viel in dem Göthe'schen Verse gesagt ist:

> Aus Blau, Roth, Gelb hat Newton Weiss gemacht,
> Er hat uns Vieles weiss gemacht."

Ich habe vorhin erwähnt, dass Newton bei den prismatischen Farben den Einfluss der Form der Prismen sowie den Einfluss der Lichtbegrenzung verwirft und seine sieben Farbengeister nur durch einen lichtbrechenden Körper freiwillig nach verschiedenen Winkeln erscheinen lässt. Gleich der erste Satz seiner Optik lautet: „Lichter, welche an Farbe verschieden sind, dieselben sind auch an Brechbarkeit verschieden und zwar gradweise." Wir erfahren hier sogleich von mehreren Lichtern und zwar von farbigen Lichtern und ihrer verschiedenen Brechbarkeit, ehe noch von einem farblosen Lichte die Rede war. Statt der Beweise für diese farbigen Lichter und ihre verschiedene Brechbarkeit bringt uns Newton nur sophistische Kunststückchen, wie sie Göthe als solche gründlich nachgewiesen hat. Newton begeht durch die Umgehung der Beweise vermittelst solcher Kunststücke eine Principserschleichung, und auf dieser Erschleichung beruht seine ganze Farbentheorie. Wären die Farben, wie Newton behauptet, wirklich von verschiedener Brechbarkeit, so würden sie nicht, wie Grävell richtig bemerkt, eine so unüberwindliche Anhänglichkeit an die im Spectrum vorhandenen Schatten zeigen, so dass sie den letzteren, ganz gegen die Newton'sche Winkelordnung, nach allen beliebigen Richtungen, nur in steter Ordnung, folgen. Newton hat wohlweislich den verrätherischen Schatten dadurch beseitigt, dass er ganz entschieden den Einfluss einer Lichtbegrenzung ableugnet. Denn mit der Wahrnehmung dieser Thatsache wird die Theorie farbiger Lichter und ihrer verschiedenen Brechbarkeit unhaltbar.

Einen Beweis für die verschiedene Brechbarkeit der Farben glaubte Newton in folgendem Experimente, das er als Grundpfeiler seiner Theorie gleich an der ersten

Stelle seines Werkes brachte, gefunden zu haben. Ich bitte Sie, Ihre Aufmerksamkeit ganz besonders auf diesen ersten Versuch zu richten. Wie Göthe hier bemerkt, stellt Newton den complicirtesten Versuch, den es vielleicht giebt, an die Spitze, verschweigt seine Herkunft, hütet sich, ihn von mehreren Seiten darzustellen, und überrascht den unvorsichtigen Schüler, der, wenn er einmal Beifall gegeben, sich in dieser Schlinge gefangen hat, nicht mehr weiss, wie er zurück soll.*)

An einem länglichen steifen Papiere, dessen eine Hälfte roth, dessen andere Hälfte blau gefärbt war und auf einem schwarzen Grunde lag, bemerkte Newton, wenn er durch ein Prisma darauf sah, dass die blaue Hälfte durch die Brechung höher gehoben war, als die rothe. Daraus schloss er, dass das Licht der blauen Hälfte eine grössere Refraction erleiden müsse, als das Licht, das von der rothen Hälfte komme und folglich refrangibler sei, als dieses. Newton betrachtet hier die farbigen Vierecke durch das Prisma mit dessen brechender Kante nach oben; mit der brechenden Kante nach unten erscheint die rothe Hälfte höher gehoben, als die blaue.

Wie falsch dieser Versuch aufgefasst ist, wie es um die Newton'sche Beobachtungsgabe, seine streng mathematische Methode, und um die Genauigkeit seiner Experimente beschaffen ist, kann jeder, der Göthe's ausführliche Widerlegung liest und das erwähnte erste Newton'sche Experiment selber anstellt, sogleich gewahr werden.

Es wird Ihnen als Maler bekannt sein, dass zwei ähnliche, gleichnamige Farben, z. B. Orange und Roth, wenn sie gemischt werden oder sich durch die Lasur decken, sich gegenseitig erhöhen, beleben, dagegen zwei unähnliche oder ungleichnamige Farben, wie Orange und Blau, Gelb und Violett, sich gegenseitig vollständig aufheben, beschmutzen. Dies kann einem leichtsinnigen und von Vorurtheilen befangenen Beobachter, insbesondere einem Freunde

---

*) Enthüllung der Thoerie Newton's, §. 33.

der Homogeneität, bei diesem prismatischen Versuche mit zwei gefärbten Vierecken entgehen. Die Verrückung der Bilder hat Newton nicht richtig angegeben, denn es scheint nur so, als wenn sie aus ihrer wechselseitig horizontalen Lage geschoben und im entgegengesetzten Sinne verrückt würden und zwar, je nachdem der brechende Winkel des Prisma's gehalten wird. Das gewöhnliche Prisma, mit dem brechenden Winkel nach unten gekehrt, bewegt dem Beobachter die Gegenstände zu. Betrachtet man so die beiden gefärbten Vierecke durch's Prisma, so wird es dem Beobachter anfänglich wirklich scheinen, als wären beide Vierecke in der senkrechten Richtung verschoben, das rothe Viereck läge etwas höher, als das blaue. Beim umgekehrten Gebrauch des Prisma's, mit der brechenden Kante nach oben, scheint das blaue Viereck gegen das rothe etwas. höher zu liegen.

Nimmt man ein oranges Viereck, statt eines rothen, so scheint die Verschiebung noch bestimmter zu sein. Bei genauer und wiederholter Betrachtung kann es dem Beobachter aber nicht entgehen, den Grund der scheinbaren Verschiebung dieser gefärbten Vierecke in der Beschmutzung zweier ungleichnamiger Farben zu finden, die besonders auffallend ist, wenn die zusammengestellten Vierecke, das eine orange, das andere blau ist. (Tafel, Fig. 3 und 4.) Die farbigen Vierecke, welche sich beide hell vom schwarzen Grunde abheben, werden durch das Prisma, wenn dessen brechende Kante nach unten liegt, dem Beobachter zu bewegt. Oben an den zwei Bildern muss sich gesetzmässig ein gelber und oranger Rand, unten an den Farbenbildern ein blauer und violetter Rand bilden. — Der obere Rand am gelbrothen Bilde wird sich mit dem gesetzmässig entstandenen prismatischen Orange, dem Scheinbilde, identificiren, vereinigen, also dem Urbilde nichts nehmen. (Fig. 3, a.) Der obere Rand am blauen Bilde wird jedoch mit dem prismatischen Orange sich nicht identificiren, dasselbe wird dort das Urbild beschmutzen, verdunkeln, weshalb dieser Rand sich mit dem dunkeln Grunde vereinigt und das Bild um so viel verkürzt erscheinen lässt. (Fig. 3, b.) Am unteren Rande, wo der blau-violette Saum entsteht, wird der Rand des orangen Bildes mit dem prismatischen Blau und Violett sich nicht identificiren, demnach beschmutzt erscheinen und sich mit dem dunkeln Grunde vereinigen (Fig. 3, c); dagegen identificirt sich der untere Rand des blauen Bildes mit dem prismatischen Blau und Violett, weshalb das blaue Bild dem Beobachter gegen das orange Bild verlängert erscheint. (Fig. 3, d.) Der Grund dieser Verschiebung der beiden farbigen Urbilder durch das Prisma ist also nicht, wie Newton annahm, von einer verschiedenen Brechbarkeit der beiden Farben abhängig, sondern von der Deckung oder Vermischung zweier ungleichnamiger Farben. Newton's Raisonnement über die verschiedene Refrangibilität der Farben findet in diesem Experimente keine Bestätigung, sondern eine entschiedene Widerlegung.

Fig. 4 stellt die beiden zusammengestellten Vierecke mit den prismatischen Säumen dar, wie sie der aufmerksame Beobachter bei diesen Versuchen wahrnimmt. Oben bezeichnet a. b. den orangen, unten c. d. den blau-violetten prismatischen Saum.

Gautier, ein Maler, Gegner und Zeitgenosse Newton's, kritisirt dieses Experiment und zeigt, dass man, um das wahre Verhältniss der Sache einzusehen, neben das rothe Viereck nur ein hellblaues zu stellen habe.*) Rizzetti bringt die beiden Vierecke, das blaue und das rothe, auf weissen Grund, wo dann ganz andere Säume entstehen und dem Unbefangenen die Unrichtigkeit der Newton'schen Behauptung augenfällig wird.

Nach der Newton'schen Lehre ist das Gelbroth am wenigsten refrangibel, das Blauroth am meisten; „warum nimmt er denn also nicht," fragt hier Göthe, „ein violettes Papier neben das rothe, sondern ein dunkelblaues?

---

*) Gautier's Kritik muss der Academie in London sehr unbequem gewesen sein, da sein Aufsatz nicht in die Memoiren der Academie aufgenommen ward, ja man desselben in der Geschichte der Verhandlungen nicht einmal erwähnte. (Göthe.)

Wäre die Sache wahr, so müsste die Verschiedenheit der Refrangibilität bei Gelbroth und Violett weit stärker sein, als bei Gelbroth und Blau. Allein hier findet sich der Umstand, dass ein violettes Papier die prismatischen Ränder weit weniger versteckt, als ein dunkelblaues, wovon sich jeder Beobachter leicht überzeugen kann." Hören wir nun, was die namhaftesten Anhänger Newton's gegen dieses Experiment, wie es Göthe darstellt und beurtheilt, auszusetzen haben. Dove sagt bei dieser Gelegenheit\*): „Was nun die prismatischen Farben betrifft, so hat Göthe selbst die von Newton gefundenen Resultate nie geleugnet", und fügt zu dieser dreisten Behauptung hinzu: „wenn aber eine Widerlegung durch Pigmente geschehen soll, so muss wenigstens die Absicht vorhanden sein, nicht so gemischte zu wählen, wie der blaue und rothe Fleck auf der dritten Figurentafel der Farbenlehre." Dove meint also, dass zu dem Göthe'schen Experiment die Farben blau und roth, nicht rein genug gewählt seien, dass Göthe vielmehr gemischte Farben genommen habe; wie ich aber vorhin erwähnte, tritt gerade beim Gebrauch einer gemischten Farbe, z. B. der hellblauen, die betrügerische Absicht bei dem Experiment am klarsten zu Tage, indem dann die Beschmutzung an den Rändern der farbigen Vierecke (nicht Flecke, wie Dove wegwerfend sagte) weniger versteckt wird. Uebrigens haben die Tafeln zu Göthe's Farbenlehre nicht die Bestimmung, so wie sie da sind, zu prismatischen Versuchen verwendet zu werden, vielmehr giebt Göthe selbst den Liebhabern der Farbenlehre den Rath, Tafeln für den Gebrauch mit grösserer Sorgfalt und in grösserer Form, als er sie darstellen konnte, nachbilden zu lassen. Will man bei diesem Experiment reine Farben anwenden, so könnte dazu ein gutes Zinnoberroth und ein ächtes Ultramarin gewählt werden; die Vorstellung der Newtonianer von einer verschiedenen Brechbarkeit der Farben wird

---

\*) Dove, Darstellung der Farbenlehre, p. 139.

selbst auch durch die Anwendung der reinsten Farben widerlegt, vorausgesetzt, dass die farbigen Bilder an Helligkeit vom dunkeln Grunde genugsam abstechen.

10. Versuch mit zwei gefärbten Vierecken.

Folgender Versuch lässt unter gewissen Umständen eine gleiche Breite der prismatischen Farbensäume deutlich vor Augen treten. Nehmen wir ein weisses Viereck auf schwarzem Grunde und betrachten dasselbe durch's Prisma, so werden wir oben den orangen und unten den blauen Saum bemerken. Geben wir nun dem Viereck eine veränderte Lage, mit dem Winkel desselben dem Beobachter zugekehrt, so erscheint das ganze Viereck wie ein Doppelbild mit Farben umsäumt, und zwar so, dass wir einen viereckigen Körper mit farbigen Seitenflächen, von welchen zwei anstossende orange, die zwei anderen blau gefärbt sind, vor uns zu sehen glauben (Fig. 5). Ein solches Bild, wie ein viereckiger Körper mit rechtwinkeligen Flächen, könnte nicht zur Erscheinung kommen, wenn die prismatischen Farbensäume an dem weissen Viereck nicht von gleicher Breite wären. Diese gleichen Breiten der Farbensäume finden wir auch bei den zusammengestellten farbigen Vierecken, nur dass sie dort nicht so deutlich sichtbar werden.

11. Versuch: Ein weisses Viereck auf schwarzem Grunde.

Wie es also mit dem vorigen, von Newton angestellten complicirten Experiment, das er gleich an erster Stelle seines Werkes brachte, und seiner Beweiskraft für die verschiedene Brechbarkeit der Farben, beschaffen ist, wird Jeder, der kein Compendium-Nachbeter ist, leicht aus diesem Versuche beurtheilen können.

Es mag hier noch ein Scheinbeweis folgen, den Newton für die verschiedene Brechbarkeit seiner homogenen Lichter beibringt. Er lässt nämlich eine Farbe des Spectrum's durch ein zweites Prisma fallen, und da er in diesem Falle nur die angewendete Farbe, keine Regenbogenfarben, durch die Brechung des zweiten Prisma's wahrgenommen haben will, so findet er darin einen sicheren Beweis für die Unveränderlichkeit der Farbenlichter; „denn wären sie nicht homogen, so müssten sie sich auch wieder zerlegen lassen." Mit dem wahren Thatbestande dieses Versuchs, der den Hauptsatz, dass die aus dem weissen zusammengesetzten Licht geschiedenen Farbenlichter unveränderlich, homogen, seien, beweisen sollte, verhält es sich aber anders, denn man kann mit grosser Leichtigkeit nach der Absonderung eines sogenannten homogenen Urlichtes neue Farbensäume hervorrufen. Ein Zeitgenosse und Gegner Newton's, Mariotte, hatte durch die Anwendung eines zweiten Prisma's schon bewiesen, dass die sogenannten Urlichter sich noch zerlegen liessen. Bei der gelben Farbe werden neue Farbensäume noch ganz deutlich hervorgebracht; selbst bei der blauen Farbe sind neue Farbensäume noch sichtbar, doch sieht man hier statt des gelben Randes ein Grün, weil die angewendete Farbe mit dem gesetzmässig auftretenden prismatischen Gelb sich vermischte.

Aehnliche Versuche habe ich oftmals in dem Scheine farbiger Gläser angestellt; bekanntlich verhalten sich die Farben der Gläser genau wie die prismatischen Farben. In dem gelben Scheine sah ich ebenfalls deutlich, nur selbstverständlich nicht so lebhaft, als wie bei Anwendung des weissen Sonnenlichtes, neue Farben aus dem Prisma treten. Ebenfalls in dem blauen Scheine eines Glases, nur viel schwächer, ward ein farbiger Rand bemerkt, der sich mit der specifischen Farbe des Glases vermischte; in dem Scheine eines rothen und violetten Glases konnte keine so bestimmte Veränderung bemerkt werden. — Wie es sich aus den Beobachtungen ergiebt, erscheinen die prismatischen Farben nur da, wo Licht und Dunkelheit zusammentreffen; je schwächer die Contraste zwischen beiden sind, desto matter kommen die Farben zur Erscheinung. Bei den dunkeln Farben gefärbter Gläser, wie bei jedem Versuche mit dem Prisma während einer schwachen Beleuchtung, sehen wir deshalb keine Farben, weil ihre Dunkelheit den Unterschied zwischen Licht und seiner Begrenzung nicht hervortreten lässt. Beim gelben Farbenscheine, er sei durch das Prisma oder durch ein gelbes Glas erzeugt, können wir die gebrochenen Farbenränder sehr deutlich wahrnehmen, weil hier das Spectrum gegen die Schatten noch hell genug absticht. „Das rebellische Gelb", sagt Grävell, „pflegt daher überhaupt bei diesen Versuchen von den Newtonianern wie die Pest geflohen zu werden." Den Newton'schen Schülern fehlte es auch hier nicht an Winkelzügen, deren sich das dunkelste Mönchthum und eine sich selbstverwirrende Scholastik nicht zu schämen hätte. Sie geben zwar zu, dass die Farben sich noch sondern liessen, aber doch nicht völlig: denn in einem Urlicht stecken, wie sie behaupten, auch noch die übrigen Farben, welche nun nach der zweiten Brechung abgeschieden würden.

Dass einige Physiker die von Newton aufgestellte homogene Lichtertheorie gläubig anerkennen, ohne vorher durch Untersuchung und Prüfung sich von dem wahren Thatbestande derselben zu überzeugen, auch dabei noch die ihnen schon längst vorgehaltenen Irrthümer der Newton'schen Beobachtungen leichtfertig ignoriren, davon giebt uns Dr. Aderholdt, in seiner Schrift: „Ueber die Göthe'sche Farbenlehre" ein merkwürdiges Beispiel. Er sagt daselbst p. 18: „Entnimmt man nun dem Farbenspectrum einen Strahl, indem man denselben auf einem mit einer kleinen Oeffnung versehenen Schirm auffängt, z. B. einen grünen, so zeigt sich derselbe durch ein zweites Prisma nicht weiter zerlegbar. Daraus zieht Newton den Schluss: Die Farben des Spectrums sind homogen."

Der erste helle Kopf unter den Gegnern Newton's, Antonius Lucas zu Lüttich, bringt ein sehr geistreiches Experiment vor, das der Newton'schen Lehre direct entgegensteht. Dieses Experiment wird von Göthe folgendermassen nachgeahmt.

Man verschaffe sich ein längliches Blech, das mit den Farben in der Ordnung des prismatischen Bildes der Reihe nach angestrichen ist. Man kann an den Enden auch Schwarz,

Weiss und verschiedenes Grau hinzufügen. Dieses Blech legten wir, sagt Göthe, in einen viereckigen blechnen Kasten, und stellten uns so, dass es ganz von dem einen Rande desselben für das Auge zugedeckt war. Wir liessen alsdann Wasser hineinfliessen und die Reihe der sämmtlichen Farbenbilder stieg gleichsam über den Rand dem Auge entgegen, da doch, wenn sie divers refrangibel wären, die einen vorauseilen, die anderen zurückbleiben müssten. Dieses Experiment zerstört die Newton'sche Theorie von der verschiedenen Brechbarkeit der Farben von Grund aus, sowie das nächstfolgende.

Man verschaffe sich zwei runde Stäbchen, etwa von der Stärke eines kleinen Fingers. Das eine werde orange, das andere blau angestrichen; man befestige sie aneinander und lege sie so in's Wasser. Wären diese Farben divers refrangibel, so müsste das eine mehr, als das andere, nach dem Auge zu, gebogen erscheinen, welches aber nicht geschieht, so dass also an diesem einfachsten aller Versuche die Newton'sche Lehre scheitert.

Eigenthümlich ist das Benehmen Newton's bei dem von Lucas beigebrachten Beweise gegen die verschiedene Brechbarkeit der Farben; er dankt ihm für seine Bemühungen, versichert, die Versuche fänden sich in den optischen Lectionen, welches aber nicht der Wahrheit gemäss ist, dringt immer wieder darauf, dass man nur den von ihm eingeleiteten Weg gehen solle, und will jede andere Methode, jeden andern Weg, der Wahrheit sich zu nähern, ausschliessen. — Ebenso ausschliessend gegen Natur und Erfahrung, Vernunft und Wahrheit verfahren heutigen Tages die Verehrer Newton's.

12. Versuch mit zwei aneinander befestigten runden Stäbchen, das eine orange, das andere blau gefärbt und in's Wasser gestellt.

13. Versuch mit einer Blechscheibe, die mit den Farben in der Ordnung des prismatischen Bildes der Reihe nach angestrichen ist und unter Wasser gelegt wird.

In diesen wenigen Andeutungen über die Grundprincipien der Newton'schen Farbenlehre wird Ihnen die eigentliche Beschaffenheit derselben deutlich veranschaulicht sein; Sie werden daraus schliessen können, dass das Ganze ein wunderliches, buntscheckiges Monstrum sein muss, welches nur vermittelst Scheingründe und Spitzfindigkeiten aufrecht erhalten werden konnte. Damit Sie aber nicht glauben, ich hätte mich aus zu grossem Eifer für Göthe's Farbenlehre verleiten lassen, in meiner Darlegung der Newton'schen Grundprincipien parteiisch zu verfahren, so will ich noch einige Beispiele aus Newton's Werke anführen, die geeignet sein werden, dem Unbefangenen die seit 200 Jahren von den Fachmännern gepriesene Behandlungsweise Newton's in's rechte Licht zu stellen; diesen wird eine Reihe der wesentlichen Widersprüche, welche sich in Newton's Optik finden, folgen. Die Auswahl ist leicht, weil in fast allen von Newton aufgestellten Theoremen und angegebenen Experimenten unmathematische Sätze, Trugschlüsse und Widersprüche anzutreffen sind.*)

Wörtlich beschreibt Newton §. 106**) einen Kreis eines durch eine runde Oeffnung und ein Prisma gegangenen Sonnenbildes, wie folgt:

„Unter einem Zirkel verstehe ich hier nicht einen vollkommenen geometrischen Zirkel, sondern irgend eine Kreis-

---

*) Selbst der eifrigste Vertheidiger Newton's, der Kieler Professor C. H. Pfaff, gesteht in seiner Schrift: „Ueber die Newton'sche und Göthe'sche Farbentheorie 1813" ganz offen, dass die Newton'sche Optik viele „Blössen" darbiete; als solche bezeichnet er, nächst der Aufstellung der sieben Farben, die ihm gesucht erscheine — die „unzweckmässige Folge" und die „Schwerfälligkeit" der Newton'schen Versuche; auch gesteht Pfaff ein, dass die homogenen Lichter bei einer zweiten Brechung gegen Newton's Behauptung, doch wieder neue Farbensäume zeigen. — Dr. Grävell: Die zu sühnende Schuld, p. 33.

**) Göthe's Farbenlehre, polemischer Theil.

figur, deren Länge und Breite gleich ist, und die dem Sinne allenfalls wie ein Zirkel vorkommen mag."
Diese Stelle ist deshalb bemerkenswerth, weil sie als ein Beispiel der Ausdrucksweise, wie sie durch die ganze Newton'sche Optik geht, dient. „Denn erst," bemerkt Göthe, „spricht er etwas aus und setzt es fest, weil es aber mit der Erfahrung nur scheinbar zusammentrifft, so limitirt er seine Propositionen wieder so lange, bis er sie ganz aufgehoben hat. Diese Verfahrungsart ist schon oft von den Gegnern erhoben worden; doch hat sie die Schule nicht einsehen können, noch eingestehen wollen."

§. 112 wird von Newton ein gebrochenes Lichtbild für weiss und rund angegeben, obschon er kurz vorher ein durch's Prisma gegangenes und gebrochenes Farbenbild als völlig gefärbt und länglich auseinandergezogen dargestellt hatte.

Newton schildert uns an einer Stelle der Optik das Spectrum als unzähliche, unbestimmt in einander übergehende Farbenkreise; an einer anderen Stelle behauptet er, behufs seiner Berechnung, die prismatischen Farben ganz bestimmt begrenzen und sortiren zu können.

Ausser dem Widerspruche, den dieser Satz enthält, ist noch die Annahme einer bestimmten Begrenzung der Farben im Spectrum eine reine Erfindung; denn es giebt kein Experiment mit dem Prisma, durch welches sich die Farbenkreise oder Farbenstreifen bestimmt abgrenzen liessen; wir sehen sie durch das Uebereinandergreifen der einzelnen Farbenschichten immer ganz unbestimmt, wie verwischt in einander fliessen. Newton brauchte aber eine bestimmte Farbenbegrenzung, weil er jeder Farbe eine verschiedene Brechbarkeit zuschrieb und diese ohne bestimmte Begrenzung nicht berechnen konnte.

Oftmals hat Newton beim Experimentiren mit dem Prisma ein kleines Lichtloch empfohlen; in seinem sechsten Versuche spricht er von einer grossen Oeffnung im Fensterladen. Warum hier auf einmal die Lichtöffnung gross sein muss, giebt er nicht an, auch verschweigt er, dass die Mitte des Spectrums ganz weiss erscheint. Wir wissen, weshalb er dies that: er hätte zugestehen müssen, dass ein Lichtbild eine Brechung erleiden könne, ohne dabei völlig farbig zu erscheinen.

Erst versichert Newton: er habe bei seinen Vorrichtungen die grösste Vorsicht gebraucht, die hellsten Tage abgewartet, die Kammer hermetisch verschlossen, die vortrefflichsten Prismen gewählt und dann will er im achten Versuch §. 177, beim Misslingen desselben sich hinter Zufälligkeiten flüchten, dass das Licht von glänzenden Wolken, zunächst bei der Sonne, sich mit den Farben vermischte, dass ferner das Licht durch Ungleichheiten in der Politur des Prisma's unregelmässig zersplittert wurde. „Der homogenen, nie zu homogenisirenden Lichter nicht zu gedenken, welche sich einander verwirren, verunreinigen, in einander greifen, sich stören und niemals das sind noch werden können, was sie sein sollen." Göthe.

Im vierten Theorem, fünfte Proposition, wird von Newton im Widerspruch gegen seine eigene frühere Behauptung gesagt, dass das homogene Licht regelmässig, ohne Erweiterung, Spaltung oder Zerstreuung gebrochen werde.

§. 273 lässt Newton, um zu beweisen, dass die einmal aus dem Lichte gesonderten homogenen Lichter nicht weiter zu trennen sind, kleine Körper vom homogenen Licht bescheinen, betrachtet diese alsdann durch's Prisma und behauptet, dass ihre Theile so genau begrenzt wären, als wenn er sie mit blossen Augen beschaute.

Göthe hat nachgewiesen, dass auf gefärbten Flächen die prismatischen Säume der Bilder bloss darum unscheinbar sind, weil sie einmal der farbigen Fläche widersprechen und dadurch missfarbig werden, das andere Mal aber mit derselben übereinstimmen und sich also in ihr verlieren. Sobald bei gefärbten Flächen die Bilder nur genugsam als hell und dunkel abstechen, sieht man die gedachten Säume deutlich und überzeugend genug. Zu der Fixirung dieses Versuches hat Göthe die 12. Tafel seines Tafelheftes in sechs Felder eingetheilt, diese mit den sechs vorzüglichsten

Farben illuminirt und auf denselben wieder einfache farbige Bilder angebracht, so dass ausser einigen Mückenflügeln nichts Decomponibles auf diesen Tafeln gefunden wird. Betrachtet man sie aber durch ein Prisma, so wird man sogleich die Säume und Bärte stärker und schwächer, nach Verhältniss des Hellen und Dunklen, sodann wunderlich gefärbt, nach Verhältniss der Mischung mit dem Grunde, ohne allen Widerspruch bemerken.

In der siebenten Proposition der Newton'schen Optik behauptet derselbe: „die Vollkommenheit der Teleskope wird verhindert durch die verschiedene Brechbarkeit der Lichtstrahlen."

Wäre diese Behauptung wahr, so müsste uns die ganze sichtbare Welt in der höchsten Verworrenheit erscheinen, wir hätten auch keine dioptrischen Fernröhre, keine Brillen und Lorgnetten, ja selbst unserem Auge müssten farbige Gegenstände durchaus verworren erscheinen. Als der Newton'schen Theorie von den verschieden brechenden Lichtern widersprechend, die achromatischen Fernröhre entdeckt wurden, da halfen sich die Newtonianer in ihrer Verlegenheit mit einer Erklärung; man nahm nämlich neben der Farbenbrechung noch eine Farbenzerstreuung an.[*]

Im zweiten Theile der Optik im ersten Theorem §. 336. erfahren wir von einem weissen Theile eines schon gebrochenen Lichtes, vorher werden aber die Farbensäume dieses weissen Lichts verschwiegen. §. 359. gesteht Newton, dass an Schatten Farbensäume gesehen werden, gleichwohl sagt er bald darauf wörtlich, §. 363.: „Alle Farben verhalten sich gleichgültig zu den Grenzen des Schattens. §. 367. giebt er zu, dass die Lichtschwäche auf die Farben

---

[*] Newton hielt eine Verbesserung der dioptrischen Fernröhre für unmöglich; seine Voraussetzung fand jedoch ziemlich bald durch Dollond's Erfindung der Achromasie eine thatsächliche Widerlegung, da derselbe eine farblose Herstellung aus zwei verschiedenen Glasarten, durch Zusammensetzung einer Sammellinse von Crown- und einer Zerstreuungslinse von Flintglas, erzielte.

Einfluss übe, indem er sagt: je schmäler die Oeffnung im Laden, je grösser die Intervalle zwischen ihnen und dem Prisma, je dunkler das Zimmer, um so mehr werde das Experiment gelingen. Im ersten Versuche im 2. Theile seiner Optik §. 350. behauptet Newton, mit einem Draht oder anderm cylindrischen Gegenstand vor dem Prisma, — also im weissen heterogenen, noch nicht gebrochenen Lichte, — eine bestimmte Farbe aus dem weissen Theile des Spectrums nach Belieben auffangen und wegnehmen zu können, oder mit einem etwas stärkeren Hinderniss zwei, drei oder vier Farben wegzunehmen, so dass der Ueberrest bleibt.

(Die zu diesem Experiment gehörige von Newton dargestellte Zeichnung ist auf der Tafel die sechste Figur.)

Das Wiedersinnige der Newton'schen Behauptung besteht erstens darin, dass er schon vor dem Prisma, wo keine Farben sind, farbige Strahlen annimmt, und zweitens, dass er sich einbildet, mit einem undurchsichtigen Gegenstande, einem Draht u. dgl. vor dem Prisma aus der weissen Mitte des Spectrums farbige Strahlen wegnehmen und auffangen zu können, so dass die zurückgebliebenen dadurch zur Erscheinung kommen; während er doch nur vor dem Prisma mit dem Draht in dem Spectrum einen Schatten und damit eine neue Grenze hervorbringt, die nach dem uns bekannten Gesetze prismatischer Erscheinungen, an den Rändern Farben, und zwar hier an entgegengesetzten Stellen entstehen lässt. Da Newton stets den Einfluss der Grenze des Hellen und Dunkeln auf die Farbenerscheinung leugnete, so war er dazu genöthigt, durch eine sophistische Erklärung den wahren Vorgang zu bemänteln.

Unter den von Göthe zusammengestellten unwahren, captiösen Figuren Newton's ist auf der beigegebenen Tafel noch eine derselben als Beispiel aufgenommen, Fig. 7; hier sieht man ebenfalls wie bei Fig. 6, schon vor dem Prisma den Lichtstrahl durch Linien getheilt, so gehen sie auch durch's Prisma, und so lässt er sie willkürlich auch hinter dem Prisma erscheinen. Vor dem Prisma sind sie ganz hypothetisch, innerhalb desselben zum grössten Theil; denn hier kann nur oben und unten eine ganz schmale Randerscheinung stattfinden. Hinter dem Prisma ist die mittlere Linie hypothetisch, und die nächsten beiden falsch gezogen, weil sie mit der obern und untern aus einem Punct, oder wenigstens nahe zu aus einem Punct, entspringen müssen.*)

§. 357 behauptet Newton: es könne jede der Farben so gut, als die violette und rothe, die letzte an der Grenze des Schattens sein. — Dieses ist geradezu unwahr: es kann durch Hindernisse bei den mittleren Farben wohl eine Verwirrung hervorgebracht werden, aber niemals wird man z. B. Grün an der Grenze des Schattens sehen. Nach ganz bestimmten Gesetzen wirken die schattigen Ränder des Spectrums auf die Entstehung der Farben ein; diese Gesetze waren dem Newton gänzlich unbekannt.

§. 412 stellt Newton die Reihen der homogenen Farbenlichter auf, die in dem weissen Licht enthalten sind: „Violett, Dunkel- und Hellblau, Grün, Gelb, Orange und Roth, zugleich mit ihren Zwischenstufen etc."

Hier werden uns die homogenen sieben Urlichter, welche im Spectrum, nach einer vorhergegangenen Angabe Newtons sich ganz bestimmt begrenzen sollten, plötzlich mit ihren Zwischenstufen angegeben.

§. 437 erfahren wir vom Entdecker der Homogeneität einen Widerspruch in einem Athemzuge, indem er sagt: „das Licht, dass ich homogen nenne, ist nicht absolut homogen, und es könnte denn doch von seiner Heterogeneität eine kleine Veränderung der Farbe entspringen."

In den letzten Abschnitten der Newton'schen Optik sind die angeführten Experimente, welche die Siebeneinigkeit des weissen Lichtes beweissen sollen, so ganz ohne Rücksichtnahme auf die wahre Natur angewendet, mit einem so widrigen, sinnlosen Wortkram begleitet, dass Göthe dazu veranlasst wird, seinem Unwillen darüber an einerStelle mit folgenden Worten Ausdruck zu geben: „Obwohl

---

*) Tafeln zu Göthe's Farbenlehre. Tafel VII. Fig. 3. Text p. 10.

in der Geschichte der Wissenschaften etwas ähnlich närrisches und lächerliches von Erklärungsart zu finden sein möchte?" Um Ihre Geduld nicht zu missbrauchen, werde ich aus diesen Abschnitten nur wenige Stellen hervorheben. Es handelt sich hier um die Herstellung des weissen Lichts aus der Vereinigung der sieben „homogenen" Farbenlichter. Wenn man das Prisma zur Hand nimmt, kann man sich jeden Augenblick davon überzeugen, dass die prismatischen Farben durch eine Verschiebung des Lichtbildes entstehen und zwar, indem hier von der einen Seite das helle Licht getrübt, von der andern Seite ein schwaches Licht über Finsterniss geführt wird und diese erhellt. Macht man den Versuch, das farbige Sonnenbild (das Spectrum) vermittelst eines Brennglases (Sammellinse) aufzufangen, so entsteht ein weisses Sonnenbild. Man gewinnt dasselbe Resultat, wenn man durch ein zweites Prisma complementäre Farben, z. B. Orange und Blau mit einander decken lässt. Schon Gautier, Gegner Newtons († 1750), machte in Verbindung der Linse mit dem Prisma Versuche, wodurch die Farben des Spectrums zum Weissen vereinigt werden. Zwei gewöhnliche Prismen, von gleichen brechenden Winkeln auf einander gelegt, so dass sie ein zusammengesetztes Parallelepipedon bilden, heben jede Farbenerscheinung auf. Das Verschwinden der Farben bei der Anwendung zweier Prismen oder der Sammellinse wird dadurch hervorgebracht, dass die frühere Verschiebung des Lichtbildes, wodurch die Farben entstanden waren, aufgehoben, und das Sonnenbild (das gebrochene Licht) wieder an seinen Platz geführt wird; es ergiebt sich demnach, dass bei umgekehrter Bedingung sich auch der Erfolg umkehrt. Newton behauptet aber, durch die Anwendung des zweiten Prisma's würden die früher vom Licht abgesonderten Farbenlichter vereinigt, woraus sich das weisse Licht wieder herstellt. Da er hier, in der Schlussfolgerung den Irrthum nicht gewahr wird, oder nicht gewahr werden will, so wird er dazu verleitet, auch ein Weiss aus körperlichen Farben, Pigmenten, herstellen zu wollen. Er sagt §. 559: „Bisher habe ich das

Weisse hervorgebracht, indem ich die Prismen vermischte. Nun kommen wir zur Mischung körperlicher Farben."

§. 569 beschreibt Newton ein Weiss, das er unter andern Versuchen auch aus der Mischung von Mennige und Grünspan hervorgebracht haben will, in folgender Weise: „Indem man solche Pulver vermischt, müssen wir nicht erwarten, ein reines und vollkommenes Weiss zu erzeugen, wie wir etwa am Papier sehen; sondern ein gewisses düsteres dunkles Weiss, wie aus der Mischung von Licht und Finsterniss entstehen möchte, oder aus Weiss und Schwarz, nämlich ein graues, braunes, rothbraunes, dergleichen die Farbe der Menschennägel ist; oder mäusefarben, aschfarben, etwa steinfarben, oder wie der Mörtel, Staub oder Strassenkoth aussieht und dergleichen. Und so ein dunkles Weiss habe ich oft hervorgebracht, wenn ich farbige Pulver zusammenmischte." Das Weiss aus einer Mischung von Grünspan und Mennige bezeichnet Newton als eine Art Mäusegrau. Obgleich uns aus unserer Praxis kein dunkles, düstres, kein aus Weiss und Schwarz gemischtes Weiss vorgekommen ist, auch solche monströse Schattirungen von Weiss, wie sie Newton angiebt, unbekannt sind, so müssen wir hier doch die Wahrheitsliebe des Mathematikers in dem Geständniss anerkennen, durch die Mischung von Grünspan und Mennige kein Weiss in dem Sinne des gewöhnlichen Sprachgebrauchs vernünftiger Menschen gesehen zu haben. Er versuchte es aber, die oben genannte Mischung so erscheinen zu lassen, dass er sie für reines Weiss ausgeben konnte.

Die Erhebung von Mäusegrau zu Weiss beschreibt Newton §. 585 folgendermassen: „Ich nahm die oben gemeldete graue Mischung und strich sie dick auf den Fussboden, wohin die Sonne durch das offene Fenster schien, und daneben legte ich ein Stück weisses Papier von derselben Grösse in den Schatten, — da sah das Pulver vollkommen weiss aus, so dass es gar noch das Papier an Weisse übertraf."

Hierzu bemerkt Göthe: „Es ist ebenso, als wenn man ein Kind auf den Tisch stellte, vor dem ein Mann stünde, und behauptete nun, sie seien gleich gross." Newton hat hier, um zwei Dinge mit einander zu vergleichen, damit sie einander aufheben, den Unterschied dadurch versteckt, dass er das dunkle Pulver in das Sonnenlicht, das weisse Papier in den Schatten stellte.

Die Physiker haben bis auf den heutigen Tag eine Herstellung des Weiss aus Pigmenten für möglich gehalten. Was aber das Empörendste dabei ist, sie haben ähnliche, auf absichtliche Täuschung berechnete Beweise dafür beigebracht. In Pouillet's Compendium der Physik wird ein Versuch beschrieben, der anschaulich machen soll, wie durch Vereinigung der sieben angeblichen Urlichter Weiss hergestellt werden kann. Zu diesem Versuche dient der sogenannte Farbenkreisel. Es wird eine Scheibe einen Fuss im Durchmesser mit zwei schwarzen Zonen bemalt, die eine rings um die Peripherie, die andere rings um das Centralloch: zwischen beiden Zonen in der Richtung der Radien werden die sieben Farben aufgetragen und jetzt wird die Scheibe in schnelle Drehung versetzt, wodurch nunmehr die Farbenzone weiss erscheinen soll. In der Anwendung dieser schwarzen Zone liegt die Absichtlichkeit einer Täuschung. Warum umsäumte man die Farben nicht mit weissen Zonen? Man hätte alsdann das sogenannte Weiss der gedrehten Farbenscheibe mit dem Weiss der Zonen vergleichen können. Die schwarzen Zonen sollten jedoch dazu dienen, den Contrast zu dem aus jener Farbenmischung hervorgegangenen Grau hervorzuheben, damit dieses für Weiss gelte.

Herr Dr. Aderholdt, der uns schon bekannt gewordene Vertheidiger Newtons, findet den Grund, dass man durch Mischung von Pigmenten keine weisse Farbe herzustellen vermag, nur in der Unreinheit selbst der schönsten Farbe. Was versteht Herr Aderholdt als Physiker, unter einer schönen Farbe, da ihm die schönste noch nicht rein genug ist?

14. Versuch mit dem sogenannten Farbenkreisel.

Zu diesem Versuch ist der von Lohmeier in Berlin hergestellte Farbenkreisel zu empfehlen.

Auch bei der Anwendung der Stereoskope kann man sich davon überzeugen, dass wenn zwei Complementärfarben, Roth und Grün, oder Orange und Blau, eingelegt werden, diese vom Auge, durch ihre gleichzeitige Einwirkung, als ein ganz anständiges Grau, und waren die Farben von tiefem Tone, sogar als ein Schwarz empfunden werden. Dr. Grävell berichtet von einer Dame, die periodisch die Fähigkeit verloren hatte, Roth zu empfinden, während sie andere Farben richtig empfand. An der Stelle, wo andere Roth erblickten, nahm sie nur einen beleuchteten Schatten wahr. — Schopenhauer erzählt von einem Hrn. v. Zimmermann, der im Anfange dieses Jahrhunderts in Riga lebte: „für diesen Herrn war durchaus keine Farbe vorhanden; er sah alles nur weiss, schwarz und in Nüancen von Grau."*) Es ist bei der sogenannten Farbenblindheit anzunehmen, dass allemal die gegebene Farbe sich mit dem im Auge selbstständig hervorgebrachten Complement sogleich vereinigt, woraus sich ein Schattenton ergeben muss.

Göthe giebt in seiner Farbenlehre (1. Band p. 38.) ein interessantes Beispiel, wie farbige Schatten in ihrer Vereinigung eine, dem Schwarz ähnliche Dunkelheit hervorbringen. Bekanntlich erscheint ein vom Mondlicht geworfener und durch Kerzenlicht beschienener Schatten gewaltig rothgelb, und umgekehrt erscheint der Schatten, den das Kerzenlicht wirft und der Mond bescheint im schönsten Blau. Wo aber die Schatten, der rothgelbe und blaue, zusammentreffen und sich zu einem vereinigen, erscheint er wie schwarz. In diesem rothgelben und schön blauen Schatten haben sich nämlich die drei Grundfarben, Gelb, Roth und Blau vereinigt, welche, sobald sie durchsichtig sind, allemal in ihrer Vereinigung Schwarz hervorbringen.

Man kann bei diesem Experiment mit den farbigen Schatten auch noch gefärbte Gläser anwenden und wird dieselben Resultate gewinnen. Der Schein eines rothen Glases über den blauen Schatten geworfen, färbt

---

*) Ueber das Sehen und die Farben p. 64.

den letztern violett, dagegen wird der blaue Schatten durch den Schein eines rothgelben Glases schmutzig, folglich verdunkelt werden. Die Newtonianer behaupten noch heute, dass wir Weiss sehen, wenn unsere Netzhaut gleichzeitig von allen Schwingungen, deren Periode zwischen den beiden äussersten Grenzen des Spectrums liegt, erregt wird. Sie haben bei ihren Versuchen unberücksichtigt gelassen, dass sämmtliche Farben zusammengemischt, ihren allgemeinen Charakter als einen schattenartigen beibehalten und nach ihrer Mischung ihr Dunkles in die Mischung übertragen. „Dass alle Farben", sagt Göthe, „zusammen gemischt, weiss machen, ist eine Absurdität, die man nebst anderen Absurditäten schon ein Jahrhundert gläubig und dem Augenschein entgegen zu wiederholen gewohnt ist."*)

*) „Die Entdeckung, dass es gemischte Farben gebe", sagt Dove (p. 139) „kommt 100 Jahre zu spät, um auf Priorität Anspruch zu machen. Sie ist eben so wenig neu, wie die des auf der gedachten Farbenscheibe entstehenden „„niederträchtigen Grau"", da Lambert schon 1772 gezeigt hat, wie man aus Roth, Gelb und Blau sogar Schwarz machen könne." Göthe's grosse Verdienste in der Anerkennung des Richtigen sollen also dadurch verkleinert werden, dass urtheilsfähige Köpfe vor ihm auch das Richtige erkannten; das erscheint, wenn man Kleineres mit Grösserem vergleicht, ungefähr ebenso, als wollte man das Verdienst des Copernikus oder des Columbus herabsetzen, indem man darauf hinwiese, wie schon Aristarchos von Samos gewusst hat, dass die Erde sich um die viel grössere Sonne bewegt — und dass Amerika schon 500 Jahre vor Columbus entdeckt war. — Herr Dove hätte auch anführen können, dass schon die Griechen, wie Göthe, annahmen, dass die Farben aus der Wechselwirkung des Lichts und der Finsterniss hervorgehen. Es gab zu allen Zeiten gute Köpfe, die das Wahre erkannten, aber „da das Gute selten gefunden, seltener geschätzt wird" (nach dem trefflichen Ausspruch in Meisters Lehrjahren), so fand denn auch obige Wahrheit bei den Pronern des Falschen keine Anerkennung. Endlich zeigt Herr Dove durch obigen Einwurf wieder nur zu deutlich, wie schlecht es um seine Sache bestellt sein muss, da er in seiner Verlegenheit die Prioritätsfrage einzumischen sucht, ein in solchem Falle häufig gebrauchtes Mittel. — Dass Göthe für die Grundprincipien seiner Farbenlehre niemals das

Wahrhaft komisch wird Ihnen, geehrte Kunstgenossen, die Erklärung der Wirkung farbiger Körper sein, die Newton aus seiner ersonnenen Eigenschaft des Lichtes herleitet. §. 610 giebt er sie folgendermassen: „Diese Farben entstehen daher, dass einige natürliche Körper eine gewisse Art Strahlen häufiger, als die übrigen Strahlen zurückwerfen." Nach dieser Angabe werden von den natürlichen Körpern farbige Lichter, welche durch gewisse Eigenschaften der Oberfläche aus dem heterogenen, weissen Lichte herausgelockt werden, theils zurückgestrahlt, theils verschluckt.

§. 623. „Ein Lauchblatt wirft das grüne Licht und das gelbe und blaue, woraus es zusammengesetzt ist, lebhafter zurück, als es das rothe und violette zurückwirft." Hier erfahren wir zum ersten Male, dass das Grün ein zusammengesetztes Licht ist; dass ferner ein Körper von grüner Farbe auch rothe und violette Lichter zurückwerfen soll, kann nur die abstruseste Speculation erfinden.

§. 634 erfahren wir, dass der Zinnober das rothe Licht häufiger, als das Ultramarin zurückwerfe und das Ultramarin das blaue Licht mehr, als der Zinnober. — Durch die vielgepriesenen wissenschaftlichen Untersuchungen Newton's sollen wir nicht allein belehrt werden, dass das Grün von dem Grünen, das Roth vom Rothen, das Blau vom Blauen herkomme, sondern auch, dass von diesen Farben noch andere farbige Strahlen, als die ihrer Körper zu unsern Augen gelangen. Eine grosse Zahl der Fachgelehrten ist mit dieser Newton'schen Erklärung der Grundursache der Farbenwirkung

---

Prioritätsrecht beanspruchte, erfahren wir nicht allein aus dem historischen Theile seiner Farbenlehre, sondern auch aus dem Briefwechsel zwischen Schiller und Göthe. Letzterer schreibt an Schiller 1795:

„Des P. Castel Schrift, Optique des Couleurs 1740. habe ich in diesen Tagen erhalten; der lebhafte Franzos macht mich recht glücklich. Ich kann künftig ganze Stellen daraus drucken lassen, und der Heerde zeigen, dass das wahre Verhältniss der Sache schon 1739 in Frankreich öffentlich bekannt gewesen, aber auch damals unterdrückt worden ist."

vollkommen zufriedengestellt: ihnen gilt eitel Wortgepränge für Tiefsinn und Weisheit.

Schliesslich sei nur noch aus Newton's Optik erwähnt, dass diejenigen Farben, welche wir zu den physiologischen und pathologischen rechnen, nicht dem Lichte angehörten sondern nur der Einbildungskraft zuzuschreiben seien. Mit einer solchen kühnen Behauptung wird Newton die unbequeme Untersuchung der höchst wichtigen physiologischen Phänomene mit einem Male los. Eine wahre Farbenlehre ist aber dann nur möglich, wenn eine Betrachtung damit anfängt, die Farben als physiologische Erscheinung zu untersuchen. Die Farbe selbt, die Gesetzmässigkeit ihrer Erscheinungen und ihrer Verhältnisse, liegt nur in unserm Auge. Göthe erkannte die Wichtigkeit physiologischer Farbenerscheinungen, weshalb er sie bei Begründung seiner Theorie voranstellt.

Newton's grosses Versehen bestand darin, dass er, ohne die physiologischen Farben zu kennen, zu der Beobachtung physischer Farben schritt. Ein zweiter Uebelstand war, dass er bei seinen Beobachtungen im höchsten Grade von Vorurtheilen befangen blieb, es war ihm nämlich nur darum zu thun, für eine von ihm in seinem Gehirn geschaffene Farbentheorie durch Experimente Bestätigung beizubringen. Daraus erklären sich in seiner Optik die spinosen Untersuchungen, die vielen grellen Wiedersprüche, die ängstlichen Verklausulirungen und zahllosen Trugschlüsse, wie sie wohl kaum jemals in einem wissenschaftlichen Werke, das sich einen Ruf erwarb, vorgekommen sein mögen.

Newton's Farbenlehre, das Muster von trügerischer Entstellung der Natur, kann weder dem Praktiker sein Urtheil erleichtern, noch seine Anwendungen fördern. Sie ist einem schlechten Spiegel zu vergleichen, in welchem alle Umrisse verworren erscheinen, die verschiedenen Gegenstände unbestimmt in einander laufen. — Wie Göthe sich äussert, ist sie ein wahrer Bettelmantel, der schon aus den Flicken der vierten, fünften Generation besteht, den die Prorectoren umthun und immer wieder Doctoren dieser Bettlerfacultät creiren.

Die Göthe'sche Farbenlehre, das Product eines Genie's, dessen Erkenntniss nicht im abstracten, sondern im anschaulichen Vermögen wurzelt und stets aus dem Einzelnen das Allgemeine zu erkennen strebt, offenbart den Vorzug in der Ursprünglichkeit mit einer solchen Evidenz, dass sie den Gegnern augenblicklich fühlbar und deshalb so gründlich verhasst werden musste. Sie drang feindlich in das von den Fachmännern einmal als richtig erkannte und mühevoll mit aufgestutzten Dogmen erhaltene System ihrer Lehre ein, erschütterte ihre Urtheile und muthete ihnen zu, neue Beobachtungen anzustellen.

Ich schliesse meinen heutigen Vortrag mit folgenden Worten Schopenhauer's: „Wie sollten die Newton'schen Märchen Recht behalten, gegen Göthe's klare und einfache Wahrheit, gegen seine auf ein grosses Naturgesetz zurückgeführte Erklärung aller Farbenerscheinungen, für welches die Natur überall und unter jedweden Umständen ihr unbestochenes Zeugniss ablegt! Eben so gut könnten wir befürchten, das Ein Mal Eins widerlegt zu sehn."

# ZWEITER VORTRAG.

## Hypothesen über die Grundursache des Lichts und der Farben.

> Motto: „Wie viel achtungswürdiger ist der Mann, der die Dinge uns zeigt, wie sie sind, als der in seiner Gehirnfabrik ein Heer von Jdeen schafft und künstlich ineinander stimmt, die für die wirkliche Natur nicht passen."
> Locke.

„Alle Zweige der Naturwissenschaften haben zur Aufgabe, die Ursache und Wirkung der Dinge, oder: wie eine bestimmte Veränderung nothwendig eine andere bestimmte bedingt und herbeiführt, nachzuweisen; ein solcher Nachweis wird Erklärung genannt. Die Naturwissenschaft ist weiter nichts, als Erscheinungslehre, Aetiologie. Ueber das innere Wesen irgend einer Erscheinung erhalten wir nirgends Aufschluss. Das was uns in den Erscheinungen der Dinge verborgen bleibt, bezeichnen wir mit „Naturkraft". Demzufolge wäre auch die vollkommenste aetiologische Erklärung der gesammten Natur eigentlich nie mehr, als ein Verzeichniss der unerklärlichen Kräfte und eine sichere Angabe der Regel, nach welcher die Erscheinungen derselben in Zeit und Raum eintreten." (Schopenhauer.)

In einer ähnlichen Weise, jedoch in specieller Beziehung zu einem Gebiete der Naturforschung, äussert sich auch Biot. Er sagt in der Vorrede seiner Physik: „Welches ist die Beschaffenheit der Grundursache, von der die Erscheinungen des Magnetismus abhängen? Wir wissen es nicht. Indess, welcher Art sie auch sein möge, immer wollen wir dieselbe der Kürze halber mit dem Namen Magnetismus bezeichnen, ebenso, wie wir die mitwirkende Grundursache der electrischen Erscheinung Electricität, und die nicht minder unbekannte Ursache der Ausdehnung der Körper „Wärme" nannten. Nur werden wir uns zu hüten haben, um uns nicht vom wahren Wege der Naturwissenschaft zu verirren, der magnetischen Grundursache keine andere Eigenschaft und Beschaffenheit beizulegen, als die durch die Erfahrungen, welche sie hervorbringt, ausgesprochen oder gefordert werden."

So bezeichnet ein grosser Denker und ein berühmter Physiker den Weg, den ein wahrer Naturforscher einzuschlagen hat. Was thaten aber die Naturforscher bei ihren Untersuchungen des Lichtes? — Sie entfernten sich von dem ihnen vorgezeichneten Wege der Forschung; begnügten sich nicht damit, die Erscheinungen des Lichts genau und gewissenhaft zu beobachten und festzustellen, wie es auch vielfach und mit gutem Erfolge geschehen ist, sondern gaben sich die Mühe, auch nach der Grundursache des Lichts zu forschen. Da nun die Physiker über das eigentliche Wesen des Lichts Aufschluss geben wollten, so überschritten sie die der physikalischen Forschung überhaupt zukommende Grenze und stellten, auf ihren Irrgängen, Theorien über das Licht und die Farbenerscheinungen auf die sie nur auf Hypothesen begründen konnten.

Ueber die Anwendung von Hypothesen spricht sich Locke, in seinem Werke: Ueber den menschlichen Verstand, in folgender Weise aus. „Hypothesen, wenn sie richtig angewendet werden, können manchen richtigen Aufschluss geben, oft auch zu weitern Entdeckungen ein glücklicher Anlass werden. Aber warnen muss man doch, bei dem natürlichen Hange sich so gern immer die Dinge aus etwas erklären zu wollen, dass man erst theilweise alles genau erwäge, die Versuche mehrmals und auf verschiedene Weise wiederhole, nicht um die eine Naturerscheinung zu erklären, etwas gebrauche, das mit der anderen streitet; nicht — was doch nur ungewisse Conjectur, gleich für ein sicheres Princip gelten zu machen suche."—Wie wenig die Physiker in dem hier vorliegenden Falle, bei der Anwendung einer Hypothese mit Vorsicht verfahren sind, beweist der Umstand, dass die von ihnen aufgestellten Theorien über Licht und Farben entweder der Erfahrung gewissenhafter Beobachtungen widersprechen oder höchstens die Erscheinungen mit anderen Worten, als die bisher üblichen bezeichnen, was mithin in beiden Fällen nicht für eine Erklärung gelten kann.

Schon vor Newton hatte die Wissenschaft über die Grundursache des Lichts zwei Theorien aufgestellt; die Emanations- (Lichtausströmungs-) und die Undulations-Theorie.

Nach der Emanations-Theorie, deren Begründer Descartes war, wird das Licht als ein feiner Stoff angenommen, welcher in ausserordentlich kleinen Theilchen von leuchtenden Körpern ausgeschleudert, das Auge durch Stoss in Erregung versetzt, während nach der von Huyghens begründeten Undulations-Theorie von dem leuchtenden Körper in einem, im ganzen Weltraum verbreiteten Aether eine Schwingung, Wellenbewegung erzeugt wird, die in das Auge dringt und die Empfindung des Sehens veranlasst. Wie Sie bemerken, haben beide Theorien das Gemeinsame, für die Grundursache des Lichts mechanische Zustände anzunehmen.

Newton erklärte sich für die Emanations-Theorie und wollte in den optischen Erscheinungen eine Bestätigung für sie finden. Spätere Forscher haben aus den Beweisen, welche Newton für die Stofflichkeit des Lichtes beibrachte, die Unstofflichkeit des Lichtes hergeleitet, weshalb die neuere Physik genöthigt war, die von Newton angenommene und befürwortete Emanations-Theorie zu verlassen.*) Grävell bemerkt ganz richtig, dass man folgerichtig auch zugleich seine Farbenlehre hätte aufgeben müssen, da dieselbe nur durch die Annahme einer besonderen Stofflichkeit des Lichts einen möglichen Sinn erhält. Die Physiker hielten aber an den von Newton angenommenen uranfänglichen, unveränderlichen Farbenlichtern fest, verwarfen die Emanationstheorie und erklärten die Wirkung, die Grundursache des Lichts, durch Bewegungen eines Aethers, die in Schwingungen bis in das Innere des Auges fortgepflanzt, in diesem den Sinneseindruck erregten, ebenso wie die in der Luft erregten und bis zu unserem Ohr fortgepflanzten Undulationen in diesem die Empfindung des Schalles hervorbringen.

In Newton's Farbentheorie finden wir nur in den 7 Farbenlichtern eine Analogie mit den Stufen einer Tonleiter; die neueren Physiker gehen in ihrer Theorie über das Licht noch weiter, da sie, durch die Annahme einer wellenförmigen Bewegung oder Fortpflanzung des Lichts, die Erscheinungen des Gesichts nach denen des Gehörs erklären. „Man verlieh dem Licht Schwingungen, sagt Göthe, und fühlte nicht, dass man auch hier materiell verfuhr. Denn bei etwas, was schwingen soll, muss doch etwas da sein, das einer Bewegung fähig sei. Man bemerkte nicht, dass man eigentlich ein Gleichniss als Erklärung anwendete, das von den Schwingungen einer Saite hergenommen war, deren Bewegung man mit den Augen sehen, deren materielle Einwirkung auf die Luft man mit dem Ohre wahrnehmen kann." So ist denn endlich eine Theorie zur Erklärung der Grundursache des Lichtes fertig geworden, die vollständig auf Analogie der Erscheinungen des Schalles beruht, obgleich die Organe, welche dazu bestimmt sind, die Wirkungen von Licht und Schall aufzunehmen, in ihrer

---

*) „Von den Beugungsphänomenen (des Lichtes) entlehnte Newton die Gründe für die Materialität des Lichtes, und diese Phänomene waren es, an welchen Fresnel neuerdings ihre Unhaltbarkeit erwies." Dove's Darstellung der Farbenlehre, p. 8.

anatomischen Bildung ganz abweichende sind. Wie verschieden die Anregung für beide Organe ist, ergiebt sich daraus, dass das Sehorgan, vermöge einer ganz besonderen Beschaffenheit der Retina, nach dem Reiz eines farbigen Bildes, unbewusst ein entgegengesetztes farbiges Bild, das Complement, hervorbringt, während das Hörorgan nicht im entferntesten eine ähnliche Selbstthätigkeit besitzt. Dass beide Organe in der Art ihrer Thätigkeit sehr abweichend sind, beweisen die mechanischen Instrumente, welche der menschliche Scharfsinn für dieselben hergestellt hat. Schwerlich wird Jemand auf den Einfall kommen, ein Teleskop zum Hören und einen Gehörtrichter zum Sehen anwenden zu wollen.

In Biot's Lehrbuch der Physik finden wir folgenden Ausspruch über die Ursache der Lichtempfindung, die in den Udulationen eines sehr elastischen Mittels gesucht wird: „Dieses Mittel, wenn wirklich ein solches vorhanden ist, muss alle Himmelsräume erfüllen, weil durch dieselben das Licht der Gestirne zu unsern Augen gelangt; es muss ferner sehr elastisch sein, da die Fortpflanzung des Lichts mit so ungeheurer Schnelligkeit erfolgt, und überdies kann seine Dichtigkeit nur unendlich sein, da sich aus den ältern und neuern astronomischen Beobachtungen nach den genauesten Untersuchungen keine merkliche Spur eines Widerstandes in den Bewegungen der Planeten ergeben hat. Was das Verhalten dieses Mittels zu den Körpern auf der Erde anlangt, so muss es, wie man sieht, alle durchdringen, weil sie sämmtlich das Licht hindurch lassen, wenn sie hinlänglich verdünnt sind, und durch ihre Berührung die innere Zurückwerfung desselben ändern. Seine Dichtigkeit darin muss ferner nach Beschaffenheit der Substanzen verschieden sein, indem aus der ungleichen Brechung, welche die nämlichen Strahlen durch verschiedene Substanzen erfahren, erhellt, dass die Fortpflanzung derselben darin mit ungleicher Geschwindigkeit vor sich geht. Welches aber müssen die Verhältnisse dieser Dichtigkeit für die verschiedenen krystallisirten Substanzen sein? Auf welche

Weise wird der Lichtäther in jeder derselben in diesen Zustand gebracht und zurückgehalten? Wie vermag er darin eingeschlossen und festgehalten zu bleiben, so dass er sich nicht nach Aussen zu verbreiten vermag? Ferner, auf welche Weise vermag dies so wenig widerstrebende, so dünne, so unfühlbare Mittel durch die Theilchen der uns leuchtend erscheinenden Körper erschüttert zu werden? Dies sind eben so viel Charaktere, deren genaue Kenntniss oder wenigstens genaue Bestimmung gar sehr erforderlich sein würde, um von sichern Vorstellungen hinsichtlich der Bedingungen ausgehen zu können, nach welchen die Undulationen darin sich bilden und fortpflanzen müssen; allein bisher hat man hierüber noch keine klaren Bestimmungen zu geben vermocht."

Oken\*) äussert sich über diese beiden aufgestellten Theorien in Beziehung derselben zur Physiologie in folgender Weise: „Ohne hier die weltbekannten Einwürfe zu wiederholen, welche gegen diese beiden mechanischen Theorien gemacht worden sind, wollen wir nur die Beziehungen derselben zur Physiologie der Sinne herausheben. Es hat sich schon hinlänglich kund gethan, dass jeder Sinn specifisch verschieden ist, und keiner auf den andern zurückgeführt werden kann, selbst nicht auf den Gefühlssinn, obgleich er den andern zum Grunde liegt. Nach der Emanations-Theorie wäre der Process des Sehens nicht anders, als beim Fühlen, nach der Vibrations-Theorie nicht anders, als beim Hören: und so hätten wir also zwei oder drei Sinne, welche wesentlich nicht von einander verschieden wären, was dem ganzen Bau unseres Leibes und mithin der Physiologie widerspricht.— Endlich widerspricht jede sich selbst oder führt zu Unmöglichkeiten. Nach der ersten Theorie müsste die Sonne kleiner werden und endlich zu Grunde gehen; und die Planeten dagegen müssten grösser werden, wenn sich auch gleich das Licht in den Weltraum zerstreuen sollte; denn vieles wird ja doch auch nach der Hypothese von

---

\*) Naturgeschichte. Thierreich, 1. Band, p. 285.

den gefärbten Körpern verschluckt. — Nach der zweiten wäre nicht abzusehen, warum es Tag und Nacht wird, und warum nicht alle Körper durchsichtig sind, da die Schwingungen überall und immerfort wirken müssen. Doch, wie gesagt, es ist unnöthig, sich hierbei aufzuhalten." —

„Das Licht halte ich," sagt Schopenhauer,*) „weder für eine Emanation, noch für eine Vibration: beide Hypothesen sind mechanisch und derjenigen verwandt, welche die Durchsichtigkeit durch Pori erklärt. Vielmehr ist das Licht als solches ganz *sui generis* und ohne eigentliches Analogon. Sein nächster Verwandter, im Grunde aber seine blosse Metamorphose, ist die Wärme, deren Natur daher am ersten dienen könnte, die seinige zu erläutern."

„Die Deutschen thäten wohl, sich von der belobten Empirie so weit abzumüssigen, als nöthig ist, Kant's Metaphysische Anfangsgründe der Naturwissenschaft zu studiren, um ein Mal nicht blos im Laboratorio, sondern auch im Kopfe aufzuräumen."

Biot, Oken, Göthe und Schopenhauer waren Gegner jener Erklärung über die Grundursache der Lichtempfindung, weil sie sich nicht in den Schranken des bestimmt Nachweisbaren hielt, dem Gegenstande der Untersuchung neue Eigenschaften beilegte, für die keine Beweise beigebracht werden konnten. Der grösste Theil der Fachgelehrten aber, die durch ihren Beruf darauf hingewiesen werden, sich streng an die Erfahrung zu halten, nie die enggezogene Grenze der menschlichen Erkenntniss zu überschreiten, berechneten getrost die imaginären Längen einer imaginären Welle eines imaginären Aethers bis auf den 10-Millionsten Theil eines Zolls für jedes der von Newton ersonnenen sieben homogenen Farbenlichter, und halten nun das Resultat dieser Berechnungen, trotz aller Anfechtungen, für eine unumstössliche Wahrheit.

Ganz eigenthümlicher Art ist das Verhalten der Fachmänner bei dieser vermeintlichen Errungenschaft ihrer

---

*) Parerga 2. Band, pag. 94 — 95.

mathematischen Berechnungen der mythischen Licht- und Farben-Wellen. Sie scheinen doch oft die Verlegenheit, welche ihnen das Festhalten an einer falschen, von Newton aufgestellten Farbentheorie bereitete, lebhaft zu fühlen, weil sie in ihrer Rathlosigkeit das zarte Kind ihres mathematischen Scharfsinns mit besonderem Wohlgefallen und mit einer wahren Affenliebe hätscheln. Wie der schlaue Reineke Fuchs, wenn er sich durch seine Ränke Verlegenheiten bereitet hat, sich in die finstern Gänge seiner Burg Malepartus zurückzieht, so pflegen die Physiker in Zeiten der Noth, wenn nüchterne Beurtheilung die romantische Beschaffenheit ihres Systems aufdeckte, sich hinter die Mathematik zu verstecken und glauben hier eine sichere Zufluchtsstätte gegen die harten Angriffe ihrer Widersacher zu finden. Aus ihrem Malepartus rufen sie, in dem Gefühle der Sicherheit ihren Gegnern zu: Ihr seid keine Mathematiker! — Wir sind zwar keine Mathematiker, doch ist uns recht wohl bekannt, dass der Mathematiker, sobald er in das Gebiet der Erfahrung tritt, ebenso, wie jeder andere Mensch irren kann, und dass die Wahrheit nicht immer beim Handwerk gefunden wird. „Reine Mathematik sowohl, als reine Naturwissenschaft," sagt Kant, „können niemals auf irgend etwas mehr als blosse Erscheinungen gehen, und nur das vorstellen, was entweder Erfahrung überhaupt möglich macht, oder was, indem es aus diesen Principien abgeleitet ist, jederzeit in irgend einer möglichen Erfahrung muss vorgestellt werden können." (Prolegomena p. 102.) — In diesem hier vorliegenden Falle werden uns Mittel an die Hand gegeben, die uns davon überzeugen, dass zunächst eines mytischen Aethers auch die Factoren zur Berechnung der Wellen rein ersonnen sind, d. h. durch die Erfahrung sich nicht bestätigen.

In den Zeichnungen der Newtonianer tritt ein paralleler Streifen, welcher das weisse heterogene Licht darstellen soll, in das Prisma. In der Wirklichkeit verhält es sich aber so, dass schon ein Kegel, und kein paralleler Streifen in's Prisma tritt. (Grävell.)

Da nach dem mathematischen Gesetze, wie Grävell richtig hervorhebt, wenn etwas parallel in ein Prisma tritt, es auch wieder parallel aus dem Prisma austreten muss, so mussten hinter dem Prisma mindestens alle gleichfarbigen Säume, selbst wenn sie einer verschiedenen Brechung ihren Ursprung verdankten, parallel verlaufen; die gleichartigen Farbensäume erscheinen aber hinter dem Prisma in einem beträchtlichen Winkel gegen einander geneigt.

Nach der Angabe der Newtonianer sollen die Farbensäume in's Prisma hinein sich verfolgen lassen. — In der Wirklichkeit verhält er sich aber anders, man sieht an der Eintrittsfläche des Prisma's wohl die Schattenkegel, aber noch keineswegs die Farben beginnen.

Den Schatten, aus welchem später der rothe Saum entsteht, sieht man von der Eintrittsfläche farblos, den blauen Saum kann man nur eine kleine Strecke in's Prisma hinein verfolgen, vor welchem er ebenfalls als farbloser Schatten erscheint. *)

Die Zeichnungen der Newtonianer, bemerkt Grävell, welche sich fast zweihundert Jahre in den physikalischen Lehrbüchern vererbt haben, sind daher in doppelter Beziehung falsch, einmal, indem sie ein paralleles Licht in das Prisma tretend annahmen, zweitens, indem sie den Beginn der Farben an die Eintrittsfläche des Prisma's verlegten.

Nach der Angabe Newton's sollen sich die Strahlen vom Prisma bis zum Bilde immer in geraden Linien fortpflanzen, und ganz so, wie sie zuerst aus dem Prisma gekommen waren, immer dieselbe Neigung gegen einander behalten. In Wirklichkeit zeigt sich aber das Gegentheil davon, die Farbenschichten verlaufen nicht in geraden Linien gegeneinander, sondern sie treten in einem nicht unbeträchtlichen Winkel gegen einander geneigt, aus dem Prisma. Der Unterschied in der Breite eines aus einem Prisma tretenden Lichtbildes kann sehr bedeutend werden. Unter

---

*) Dr. Grävell, Charakteristik der Newton'schen Farbenlehre. Berlin, 1358. p. 15.

Umständen kann die Breite an der Ausgangsfläche des Prisma's ¼ Zoll betragen, in der Entfernung von 10 Fuss vom Prisma eine Breite von 1½ Fuss annehmen. Daraus erklärt sich auch die Thatsache, dass die Farben, welche in der Nähe des Prima's in zwei Bündel, durch einen breiten Streifen weissen Lichtes getrennt sind, in einer merklichen Entfernung sich in einer farbigen Erscheinung vereinigen. „Hier ist der wahre Standpunkt, günstig für den", ruft der geistreiche Castel aus, „der die redliche Gesinnung hat, das künstlich zusammengesetzte Gespenst Newton's zu entwirren. Die Natur selbst bietet einem Jeden diese Ansicht, den das gefährliche Gespenst nicht zu sehr verzaubert hat. Wir klagen die Natur an, sie sei geheimnissvoll; aber unser Geist ist es, der Spitzfindigkeiten und Geheimnisse liebt. Herr Newton hat mit Kreuzesmarter und Gewalt hier die Natur zu beseitigen gesucht."

Der oben angeführten Beschreibung Newton's von immer in geraden Linien sich fortpflanzenden Farbenschichten des Spectrums widersprechend, findet man nicht allein, dass diese Farbenschichten sich gegen einander neigen, sondern, wie Grävell nachgewiesen hat, sich auch unter gewissen Bedingungen als recht ansehnliche Bogen darstellen, und dass nicht nur die Breite einzelner Farbenschichten die andere um das Doppelte übertrifft, sondern auch ein und dieselbe Farbenschicht, je nach ihrer Entfernung vom Prisma, sogar ganz entgegengesetzte Abweichungen von der Richtung der normalen Brechung aufweist.— Aus diesem Nachweis für die sich fortwährend verändernden Winkelneigungen der Farbenschichten des Spectrums ergiebt sich also das Gegentheil der von den Newtonianern behaupteten festen Brechungswinkel.

In Göthe's Tafelheft ist auf der 11. Tafel in der zweiten Figur die hypothetische Vorstellung, wie Newton und seine Schule das Verhältniss des in farbige Strahlen auseinander gebrochenen Strahls zu dem einfallenden darstellen, anschaulich gemacht. Man wird in dieser Darstellung gewahr, dass hier nicht das einfache Verhältniss eines Sinus stattfinden kann. Nach Newton's Vorstellung ist der Sinus des mittelsten grünen Strahls als Normal-Sinus angenommen; aber dieses ist falsch: denn das Mass der Refraction, wie es Göthe durch seine Zeichnungen anschaulich macht, kann niemals in der Mitte eines Bildes, sondern es muss am Ende des Bildes genommen werden. Es wird sogar in den von Göthe gegebenen Beispielen gezeigt, wie sich das Phänomen und das Gesetz der Farbenerscheinung von der Brechung gleichsam losmacht, und der Normal-Sinus in den angeführten Fällen für die entgegengesetzten Farben gelten kann.*)

Der wegen seiner Versuche so viel gepriesene Newton befand sich bei seinen Beobachtungen der Farbenerscheinungen niemals auf dem fruchtbringenden Boden der Erfahrung, weshalb er stets in der Wüste trockner Abstraction umherirrte. — Seine Anhänger, die das Grundprincip seiner Lehre sich aneigneten, konnten nur, wie es nicht anders zu erwarten war, nach alter gewohnter Weise ihre Ausflucht dahin nehmen, dass sie die hypothetische Theorie auf alle nur erdenkliche Weise künstlich zu erhalten suchten.

Es hiesse aber Ihre Geduld missbrauchen, wenn ich Sie mit den von den Mathematikern angeführten Scheingründen und den von ihnen angewendeten Spitzfindigkeiten, welche nur dazu dienen, einen Deckmantel für die sich ihnen darbietenden Widersprüche abzugeben, bekannt machen wollte; wer näher auf diesen Gegenstand eingehen will, und die Art der Berechnung der sogenannten Farbenwellen kennen zu lernen wünscht, der wird in den Abschnitten über die Farben in den Werken von Müller-Pouillet, Biot, Arago befriedigt werden; eine kurze fassliche Darstellung dieses Gegenstandes ist in dem Buche von Rudolph Hantzsch**) im letzten Capitel „über die Beugungserscheinungen" enthalten. Ueber die sogenannten Newton'schen Ringe, welche die Folgen der verschiedenen Brechbarkeit

---
*) Göthe's Farbenlehre, polemischer Theil §. 289—301.
**) Göthe's Farbenlehre und die Farbenlehre der heutigen Physik. Dresden 1862.

der Farben sein sollten und deren Winkelunterschiede Newton seinen Berechnungen der homogenen Lichter zum Grunde legte — ferner über die sogenannten Frauenhoferschen Linien, die man später zu diesen Berechnungen zu Hülfe nahm, weil man die Ergebnisse der Newton'schen Berechnungen nicht für richtig hielt, muss ich Sie auf die Schriften von Göthe, Dr. Grävell*) und Schopenhauer verweisen.

Uebrigens wird der grösste Theil unter uns Malern, da uns der Sinn für Homogeneität und auch das Verständniss für die subtilen mathematischen Calculs abgeht, kein grosses Verlangen haben, die Mittel zu kennen, wodurch es dem Scharfsinn der Physiker gelungen ist, die Wellenlängen der Farben bis auf den Zehnmillionsten Theil eines Zolles, die Zahl der Aetherschwingungen in einer Secunde auf nahe 800 Billionen feststellen zu können. Wir befinden uns zwar in einem ähnlichen Falle der Astronomie gegenüber, jedoch mit dem Unterschiede, dass die Resultate dieser Wissenschaft uns vollkommen verständlich und befriedigend werden. Ohne mit den schwierigen Berechnungen der Astronomen bekannt zu sein, werden wir doch bereitwillig in den Erfolgen ihrer Berechnungen den Scharfsinn ihres Geistes bewundern. Das von ihnen aufgestellte System ist nicht allein jedem denkenden Menschen durch einen klaren Vortrag verständlich zu machen, sondern ihre Vorherbestimmungen von Ereignissen am Himmelsgewölbe treffen auch mit den Erscheinungen aufs Genaueste überein, wodurch ein äusserer Beweis für die Wahrheit ihrer Wissenschaft gegeben ist.

Wie ich schon erwähnt habe, glauben die Anhänger der Undulationstheorie in der Anwendung der Mathematik die hauptsächlichste Stütze für ihre Angaben zu finden, und wähnen mit ihren Berechnungen, die sie anstellten, ihre heftigsten Gegner zum Schweigen gebracht zu haben. Aber „die Wahrheit wohnt im Licht, im Dunkel Täuschung

---

*) Göthe im Recht gegen Newton. Berlin 1857, p. 116.

und Falsches". Der unbefangene Mensch, mit den mathematischen Künsten nicht vertraut, bemerkt doch recht wohl, dass hier die künstlichen mathematischen Beweise mit den Erscheinungen in der Natur nicht übereinstimmen und dass die Mathematiker unvermerkt über Gegenstände der Erfahrung hinaus in das Feld der Hirngespinnste gerathen sind. Auch weiss jeder unbefangene Mensch, dass zu den mathematischen Berechnungen von Naturerscheinungen füglich nicht eher geschritten werden kann, als bis dieselben durch sorgfältig vorgenommene Experimente und gewissenhafte Beobachtungen ermittelt und unzweifelhaft festgestellt worden sind. In der Newton'schen Optik ist aber Nichts festgestellt; das ganze Werk besteht aus einer ungeordneten Zusammenstellung von unbewiesenen Hypothesen. Dass nun die Berechnungen der Mathematiker in dem vorliegenden Falle ohne befriedigende Resultate sein mussten, ist selbstverständlich, weil aus falschen Prämissen keine wahren Schlüsse folgen können.*)

Lassen Sie uns annehmen, die Physiker wären, bei ihren Untersuchungen über die Grundursache des Lichts und der Farben, nie von dem wahren Wege der Naturforschung abgewichen, sondern hätten sich mit gewissenhafter Treue, wie es dem wahren Forscher geziemt, nur an die Erfahrung gehalten; lassen Sie uns voraussetzen, die Hypothese von den homogenen Farbenlichtern, welche bis zum heutigen Tage von den Physikern angenommen wird, wäre das Product eines Geistes, in dessen Klarheit sich die Aussenwelt

---

*) „Und das ist eben das grösste Uebel der neueren Physik", schreibt Göthe an Zelter 1808, „dass man die Experimente gleichsam vom Menschen abgesondert hat, und blos in dem, was künstliche Experimente zeigen, die Natur erkennen, ja was sie leisten kann, dadurch beschränken will. Eben so ist es mit dem Berechnen. Es ist vieles wahr, was sich nicht berechnen lässt, so wie vieles, was sich nicht bis zum Experiment bringen lässt. Dafür steht ja der Mensch so hoch, dass sich das sonst Undarstellbare in ihm darstellt. Was ist denn eine Saite und alle mechanische Theilung derselben gegen das Ohr des Musikers?" —

treu abgespiegelt hätte; — so müsste es doch immerhin uns noch zu fragen erlaubt sein: Wie ist es denn mit den Endresultaten dieser Wissenschaften beschaffen? stimmen sie mit unseren täglichen Erfahrungen überein? werden wir Maler, die wir die eigentlichen Praktiker in dem Gebiete der Farben sind und die grossen Schwierigkeiten in der Behandlung der Farben kennen, in der wissenschaftlich festgestellten Farbentheorie der Physiker eine wünschenswerthe Belehrung, einen erfolgreichen Aufschluss finden?

Diese Fragen werden Sie Sich leicht selbst beantworten können, da ich Ihnen die Unhaltbarkeit des Grundprincips der Newton'schen Farbenlehre und der darauf gepfropften Undulationstheorie durch einige Beispiele dargelegt habe.

Wenn wir von den Newton'schen Chromatologen eine Probe von den Ergebnissen ihrer Berechnungen der sogenannten homogenen 7 Farbenlichter verlangen, so wird es Sie nicht mehr befremden, wenn Sie diese uns gerühmten Ergebnisse, d. h. das Verhältniss der Schwingungszahlen zwischen den sogenannten 7 homogenen Farbenlichtern, nicht einmal in Uebereinstimmung mit den Graden der Lebhaftigkeit der Farbeneinwirkung auf den Gesichtssinn finden werden.

Bekanntlich beruht die Empfindung der Töne auf den Unterschied in den Schwingungszahlen der Schallwellen; nach der Undulationstheorie sollen die von Newton angenommenen sieben Farbenlichter in ähnlicher Weise wie die Schallschwingungen auf Unterschiede der Schwingungszahlen der Aetherwellen zurückgeführt werden. Nach dem relativen Werthe der Schwingungswellen stellte man die Farben in einer Reihenfolge auf, fing mit der Farbe der schwächsten Vibration an und schloss mit der am stärksten vibrirenden. So glaubte man für die ersonnenen sieben Urlichter folgendes Verhältniss ausgemittelt zu haben und zwar in Zehnmillionsteln eines Zolles:

für Roth . . . . . 248
„ Orange . . . . 217

für Gelb . . . . . 201
„ Grün . . . . . 184
„ Blau . . . . . 168
„ Indigo . . . . 156
„ Violett . . . . 145

Die Zahl der Schwingungen in einer Secunde ist, nach den Berechnungen, die Dove anführt:

für Roth . . . . . 452 Billionen
„ Orange . . . . 474 „
„ Gelb . . . . . 528 „
„ Grün . . . . . 591 „
„ Blau . . . . . 641 „
„ Indigo . . . . 724 „
„ Violett . . . . 785 „

Bei den Stufen einer Tonleiter stehen die Schall-Vibrationen im Verhältniss zur Lage der Töne, je höher der Ton, desto schneller sind die Vibrationen. Die oben angeführten Vibrationen der Newton'schen Urlichter verrathen kein solches Verhältniss, wie die Schallwellen zu den Tönen. Bekanntlich kann ein Verhältniss der Schallwellen zu den Tönen mit mathematischer Sicherheit angegeben werden; es entsteht z. B. eine reine Quinte durch das Zusammenfallen zweier Töne, von denen der eine in derselben Zeit die umgebende Luft zweimal verdünnt und verdichtet, während der andere jedesmal drei solcher Verdünnungen und Verdichtungen erzeugt. Die Anhänger der Aetherwellen-Theorie scheinen hier der Analogie zwischen den Licht- und Schallwellen den Laufpass gegeben zu haben, wenigstens ist in der Farbenleiter kein solches Aufsteigen der Stufen, wie bei den Tönen bemerkbar, wenn man vernünftiger Weise voraussetzt, dass das Minimum der Aetherwellen der Farbe von schwächster Einwirkung auf das Sehorgan und das Maximum der Aetherwellen der Farbe von lebhaftester Einwirkung sich entsprechen. Sonderbarer Weise sehen wir in dieser Farbenleiter die Farbe, welche am lebhaftesten unser Sehorgan erregt, das Gelb, zwischen Roth und Violett die Mittelstufe der Leiter einnehmen. Die stumpfeste und mattwirkendste, der Finsterniss am nächsten stehende Farbe, Violett, hat die lebhafteste Vibration der Aetherwellen: in einer Secunde 785 Billionen. Das Violett, welches eine fast noch einmal so schnelle Vibration als Roth bewirkt, steht demnach auf der höchsten, das Roth auf der tiefsten Stufe der Farbenleiter. Gelb und Grün sind in der Zahl der Aetherwellen sich am ähnlichsten, obgleich sie in Wirklichkeit, in dem Grade ihrer Einwirkung, sehr abweichend sind. Das Grün, eine viel dunklere Farbe als Gelb, hat in einer Secunde 63 Billionen Schwingungen mehr als das Gelb.

Bei den von Grävell angewendeten farbigen Gläsern zeigte sich in Betreff ihres verdunkelnden Einflusses folgende Reihenfolge. Am geringsten war derselbe beim gelben Glase, dann folgte Hellblau, hierauf Grün, und zulezt Violett, welches alle übrigen Farben ebenso ansehnlich in der Verdunkelung überflügelte, wie das Gelb in dem geringen Mass derselben weit von allen übrigen abstand.

Wir sehen also aus den Berechnungen der Newtonianer, dass eine Uebereinstimmung sowohl in dem Grade der Leuchtkraft als auch des verdunkelnden Einflusses einer Farbe mit dem Verhältniss ihrer sogenannten Wellenlängen keineswegs stattfindet. Wollte man jedoch von der Wunderlichkeit absehen, nach welcher die dunkelste und stumpfeste, der Finsterniss nahestehende Farbe, das Violett, nach den Schwingungszahlen ihrer Wellenlängen mit dem höchsten Tone einer Tonleiter, — das heftig wirkende Roth dagegen, nach seinen Schwingungszahlen, mit dem untersten Ton einer Tonleiter verglichen werden kann, so werden doch die Zahlenreihen, welche die Mathematiker als unfehlbare Resultate ihrer Berechnungen aufstellen und damit die Grundursache der Farben entdeckt zu haben glauben, für Jeden, der die Farben practisch anwendet, jedenfalls so unfassliche Grössen bleiben, dass für ihn von einem klaren Verständniss keine Rede sein kann. „Die Mathematiker jedoch sind zufrieden gestellt, wenn sie nur Zahlen sehen, und somit werden bemeldete Schwingungslängen in Milliontheilchen eines Millimeters vergnüglich berechnet." Schopenhauer. Dem Praktiker im Gebiete der Farben genügen diese Berechnungen durchaus nicht. Erführe ein Maler von einem Physiker, dass die Schwingungszahlen für die Wellen des Orange in Zehnmillionsteln eines Zolles 217, die für die Wellen des Grün 184 angegeben sind, und der Unterschied zwischen beiden Schwingungszahlen 33 Zehnmillionstel eines Zolles betragen soll, so würde derselbe durch diese seltsame Neuigkeit wohl schwerlich über die Grundursache der verschiedenen Einwirkung dieser Farben belehrt worden sein. Jeder Maler weiss aus eigener Erfahrung, dass die Complementär-Farben, wenn sie gemischt werden, ein schmutziges Grau herstellen; fragt er nun einen gründlichen Kenner der „Grundursache" der Farben nach dem Zahlenverhältniss der Complementär-Farben, z. B. Roth und Grün, so würde er nicht wenig überrascht sein zu erfahren, dass die Durchschnittssumme der Wellenschwingungen beider Farben 216 Zehnmillionstel eines Zolles betrüge, welches Resultat für die Anhänger der Wellentheorie gleich Weiss, für den Maler aber gleich Grau angenommen werden müsste.

Das prismatische Grün gelangt im Spectrum gerade in die Durchschnittslinie des frühern weissen Lichtstreifens. Die Wellenlänge für Grün beträgt in Zehnmillionsteln eines Zolles 184; es wären demnach die Wellenlängen des Grün mit denen des weissen Lichts gleich; das Licht müsste, wie Grävell bemerkt, unter gleichen Umständen zugleich farblos und grün sein.

Bekanntlich geben die Grundfarben, wenn sie als Pigmente gemischt werden, aber von durchsichtiger Beschaffenheit sind, wie rother Lack, gelber Lack und ächtes Ultramarin, ein tiefes Schwarz; nach der „vollendeten" Optik beträgt die Durchschnittssumme der Wellenlänge der rothen, gelben und blauen Farbe $205\tfrac{2}{3}$ Zehnmillionstel eines Zolles, welches Resultat für den Wellentheoretiker wieder gleich Weiss, für den Praktiker aber gleich Schwarz sein müsste.

Der Physiker wird hier einwenden, dass die von den Mathematikern angegebenen Zahlenverhältnisse der Schwingungslängen nur für die prismatischen Farben Geltung haben, deshalb nicht auf die Pigmente in Anwendung gebracht werden dürfen. Dagegen haben wir nur an die von Newton angestellten Experimente mit farbigen Pulvern zu erinnern, mit welchen er durch ihre Mischung ein Weiss herzustellen glaubte. Ferner ist auch auf den Versuch mit der sogenannten Farbenscheibe hinzuweisen, die, in schnelle Wirbelung versetzt, beweisen soll, dass durch Vereinigung der sieben Farben ein Weiss hergestellt werden könne. Dieser letztere, ebenfalls nur auf Täuschung berechnete Versuch wird in allen physikalischen Werken erwähnt und gilt noch heute als beweiskräftig für die Herstellung des Weissen aus der Vereinigung der Farben.

Als nach dem Erscheinen der Göthe'schen Farbenlehre sich die ganze Gilde zur Pflicht machte, über ihn schonungslos herzufallen, hatten Gren in Halle und Wünsch in Frankfurt a. O. sich angelegentlichst damit beschäftigt, durch *en échelon* aufgestellte Farben, das belobte, zusammengesetzte Weiss herzustellen. Wer sich näher von der unglaublichen Thorheit dieser Newtonianer überzeugen will, der nehme Göthe's Tafelheft zur Hand, wo auf Tafel IX. die von jenen Forschern aufgestellten Farbencolonnen dargestellt sind.

Ueber die Zusammensetzung des weissen Lichts aus den sieben homogenen Farben-Lichtern, wie es Newton unumstösslich dargethan zu haben glaubte, spricht sich Dr. Grävell in seiner Schrift: „Charakteristik der Newton'-schen Farbentheorie" p. 8, in folgender Weise aus: „Wir wollen jetzt einen weitern Blick darauf richten, wie das Bestehen oder das Zusammenkommen dieser Siebeneinigkeit, d. h. die Herstellung des weissen oder farblosen Lichts, der Negation aller Farben, aus sieben bestimmten Farben gedacht werden soll. Die modernen Newtonianer, nicht zufrieden mit der blossen Existenz dieser wunderbar begabten Farbenlichter, behaupten auch die ihnen zu Grunde liegenden Wellenzüge bereits ganz genau zu kennen, und sie brüsten sich entschieden mit dieser Kenntniss. Ich bat einst einen Newtonianer, er möchte mir doch gütigst angeben, in welcher Marschordnung die Reise dieses Siebenfarbenbundes vor sich ginge, und ob das Product desselben, das Weiss, durch einen mechanischen Vorgang zu Stande käme, da man glauben sollte, dass man mit scharfen Vergrösserungsgläsern den Farbenlichtern in dem weissen Lichte doch müsste auf die Spur kommen können. Diese Frage machte den Newtonianer dermassen verlegen, dass er, ganz gegen die heutige Annahme in der Physik, läugnete, dass das weisse Licht auf mechanischem Wege als ein Product aus den sieben Farben hervorgehe. Nicht minder stellte er es auch in Abrede, dass dieses Product als ein chemisches angesehen werden sollte. Am Ende wusste er über dieses Product, welches merkwürdiger Weise weder auf mechanischem noch auf chemischem Wege zu Stande kommen sollte, keinen weitern Aufschluss zu geben."

Das Unhaltbare der Undulationstheorie mit ihren sieben Farbenlichtern und unfasslichen Zahlengrössen, ergiebt sich ganz entschieden aus dem Mangel an Uebereinstimmung und zwar sowohl mit den aufgestellten Sätzen der Theorie selbst, als auch mit den Erscheinungen der Natur, wie sie sich dem gesunden Auge eines unbefangenen Menschen täglich darbieten.

Ich habe schon im ersten Vortrage durch Beispiele dargestellt, wie schlecht es mit den Newton'schen Beweisen für die verschiedene Brechbarkeit der ersonnenen homogenen Lichter beschaffen sei. Die Brechung des Lichts kann nämlich ihre Wirkung äussern, ohne dass man eine Farbenerscheinung gewahr wird. Eine farblose oder einfach gefärbte Fläche wird durch das Prisma stark verrückt, doch entsteht innerhalb derselben keine Farbe. Nur an den Rändern, da wo sich eine solche Fläche gegen einen hellern oder dunklern Gegenstand abschneidet, bemerken wir eine Farbenerscheinung. Es müssen also Bilder verrückt werden, wenn sich eine Farbenerscheinung zeigen soll. Der Begrenzung des Bildes, den Säumen, keineswegs einer diversen Brechbarkeit, ist das Phänomen der Farben zuzuschreiben. Die kräftigsten Gegenbeweise einer verschiedenen Brechbarkeit der Farben giebt uns aber noch die Anschauung der freien Natur. „Sonne, Mond und Sterne", sagt Göthe, „zeigen sich uns, indem sie durch ein Mittel hindurchblicken, an einer anderen Stelle als an der sie sich wirklich befinden; wie bei ihrem Auf- und Untergange die Astronomen besonders zu bemerken wissen. Warum sehen wir denn diese sämmtlichen leuchtenden Bilder, die grösseren und kleineren Funken, nicht bunt, nicht in die sieben Farben aufgelöst? Sie haben die Refraction erlitten, und wäre die Lehre von der diversen Refrangibilität unbedingt wahr, so müsste unsere Erde, bei Tag und bei Nacht, mit der wunderlichsten bunten Beleuchtung überschimmert werden." Verschiedene farbige Gegenstände in gleicher Entfernung, ein grüner Baum, ein rothes Dach, ein bunter Anzug, müssten in unserem Auge nur ganz verworrene Bilder geben, wenn die Farben dieser Gegenstände eine verschiedene Brechbarkeit hätten. Der Maler wäre nicht im Stande, eine menschliche Gestalt in ihren Umrissen richtig darzustellen, sobald ihr Anzug aus verschiedenen Farben bestände. Wie Göthe bemerkt, könnten in einer *Camera obscura* neben einander sich befindende variirend farbige Gegenstände, sobald sie in den Bildpunct oder in seine Region kommen, sich nicht deutlich, mit ihren Schattirungen von Hell und Dunkel, abbilden, wenn die Farben von diverser Brechbarkeit wären. Grävell giebt uns in seiner Schrift: Ueber das Licht und die Farben p. 79 davon ein Beispiel, wo er ein Zerrbild darstellt, wie es uns in Folge der verschiedenen Brechbarkeit der Farben erscheinen müsste.

Mit der Annahme einer verschiedenen Brechbarkeit und verschiedenen Wellenlängen der Farben glaubte man auch eine verschiedene Fortpflanzungsgeschwindigkeit dieser Farbenlichter annehmen zu müssen. „Biot erzählt im *Journal des Savants* (1836) mit Herzensbeifall, wie Arago gar pfiffige Versuche angestellt habe, um zu ermitteln, ob nicht die homogenen Lichter eine ungleiche Schnelligkeit der Fortpflanzungsgeschwindigkeit hätten, so dass von den veränderlichen Fixsternen, die bald näher, bald ferner stehen, etwa das rothe, oder das violette Licht zuerst anlangte, und daher der Stern successiv verschieden gefärbt erscheine. Seine Voraussetzungen hätten sich jedoch nicht bestätigt." (Schopenhauer.) — Bei der Verfinsterung der Jupitermonde zeigt sich plötzlich eine Verdunkelung, ohne dass sie vor ihrem Verschwinden farbig erscheinen. Muschenbrock schloss aus dieser Erscheinung, dass in dem Raume, welcher die Erde vom Jupiter im weitesten Abstande trennt, eine verschiedene Geschwindigkeit farbigen Lichts nicht hervortrete. Dennoch hat sich die Annahme einer verschiedenen Fortpflanzungsgeschwindigkeit der Lichter bei einigen Fachgelehrten wie eine feststehende, erwiesene Thatsache erhalten, womit freilich die von andern Forschern behauptete Erfahrung einer nicht verschiedenen Fortpflanzungsgeschwindigkeit der homogenen Lichter preisgegeben wird. „An und für sich", bemerkt Grävell*), „ist die Vorstellung des in stets gleichen sieben Wellenzügen gestriegelten unermesslichen Aetherraums eine derartig abentheuerliche, dass sie als ein würdiges Seitenstück für die antike Vorstellung der in Erz gefertigten Himmelssphären gelten kann, welche sich mit den an ihnen mit Nägeln befestigten Sternen in einander bewegen sollten."

Das Gebahren der Herren Undulationstheoretiker ist, wie Sie leicht wahrnehmen werden, eben nicht zu fürchten; es gleicht dem des Löwen im Sommernachtstraum. Sie brauchen nur die hier in flüchtigen Umrissen gegebene Darstellung der hypothetischen Lehren über die Grundursachen des Lichts und der Farben sich lebhaft zu vergegenwärtigen und die Thatsachen einer ruhigen Prüfung zu unterwerfen, so werden sie bekennen müssen, dass uns, selbst nach einer näheren Bekanntschaft mit denselben, für die practische Anwendung wenig gedient sein kann. Beide

---

*) Die zu sühnende Schuld. p. 29.

Hypothesen, die Emanations- und die Undulationstheorie, welche uns die Grundursache des Lichts und der Farben zu erklären versprechen, erklären uns nichts. Die von Newton angenommene, aber von den Physikern jetzt aufgegebene Emanationstheorie erklärte das Licht für einen Stoff oder Körper, der so äusserst fein sein soll, dass er auf unser zartes Sehorgan keinen merklichen Eindruck eines Stoffes hervorbringe. Nach der jetzt gültigen Undulationstheorie soll eine unendlich feine, im Weltenraume verbreitete Materie (Aether) durch einen leuchtenden Körper in fortschreitende Schwingungen versetzt werden; diese sollen sich nach allen Seiten fortpflanzen, in das Auge dringen und die Empfindung des Sehens veranlassen. Dieser Aether soll sehr elastisch, seine Dichtigkeit unendlich und doch veränderlich sein; er ist der Trägheit, aber nicht der Schwere unterworfen. Der leuchtende Körper (also auch die Sonne und Sterne) soll sich in Schwingungen befinden, die sich dem Aether mittheilen. Wie wird aber dieses so dünne und so wenig widerstrebende Mittel durch die Theilchen der uns leuchtend erscheinenden Körper erschüttert und in wellenförmige Bewegung versetzt? Wie wird dasselbe nach allen Seiten hin fortgepflanzt und dann wieder in dem Körper eingeschlossen und zurückgehalten, so dass es sich nicht ferner nach Aussen verbreiten kann? Auf welchen Erfahrungen beruhen alle diese eigenthümlichen Vorstellungen von den Eigenschaften des Lichts und der Farben? Dieses sind Fragen, deren Beantwortung noch wünschenswerth sein möchte.

Bevor uns eine sichere Auskunft auf diese Fragen ertheilt wird, werden wir das Licht, ganz im Sinne wahrer Forscher, wie Biot die Wärme, den Magnetismus, die Electricität, für eine Naturkraft halten, die wohl in ihren Erscheinungen, aber nicht in ihrer Grundursache erklärt werden kann. Nach der Erfahrung äussert sich das Licht in einer geradlinig fortschreitenden Bewegung, also als Strahl. Die letzte Grundursache, wodurch ein Lichtstrahl, wenn er in's Auge tritt, eine Empfindung hervorbringt, wird dadurch keineswegs erklärt, aber, ich frage Sie, giebt uns die Annahme eines Lichtstoffs, der im Innern unseres Auges abgelagert wird, oder einer fortschreitenden Lichtbewegung, die in einer Secunde 800 Billionen *entrechats* in der Luft schlägt, bevor sie die Netzhaut unseres Auges trifft, eine klare Einsicht von der Ursache der Licht- oder Farben-Einwirkung? Beide aufgestellten Theorieen legen der Erscheinung, auf welche sie sich beziehen, andere Eigenschaften und Beschaffenheiten bei, als die durch die Erfahrung gebotenen, oder umschreiben die Erscheinungen nur mit andern als den gebräuchlichen Worten, wodurch in beiden Fällen keine Erklärung jener Erscheinung gegeben, wohl aber die Möglichkeit einer wahren Beurtheilung derselben erschwert wird. Die Physiker setzen an die Stelle dessen, was wir als Lichtstrahl, Beleuchtung, Farbe sehen, etwas Anderes, was wir nicht sehen, und wähnen damit die Grundursache der Licht- und Farbenphänomene enträthselt zu haben. Zu userm Verständniss für Licht- und Farbenerscheinungen kommen wir mit der bildlichen Auffassung des Lichts, als eines gerade fortschreitenden Strahles, vollkommen aus.

„Jeder Studirende", sagt Göthe, „fordere auf seiner Akademie vom Professor der Physik einen Vortrag über sämmtliche Phänomene, nach beliebiger Ordnung; fängt dieser aber den bisherigen Bocksbeutel damit an: „„Man lasse durch ein kleines Loch einen Lichtstrahl u. s. w."" so lache man ihn aus, verlasse die dunkele Kammer, erfreue sich am blauen Himmel und am glühenden Roth der untergehenden Sonne nach unserer Anleitung." Befolgen wir den Rath Göthe's, verlassen die beengende Atmosphäre dieser Theoretiker, und versetzen uns im Geiste in die freie, heitere Natur, die mit ihren ewig wechselnden Farbenphänomenen uns stets zu genussreichen Beobachtungen auffordert und einige ihrer Erscheinungen erklären lässt; selbst die Beobachtung der gewöhnlichsten Vorgänge kann uns oftmals zu der Enthüllung der verwickeltsten führen.

Betrachten wir den rothen Glanz der untergehenden

Sonnenscheibe, das Blau der Himmelsdecke, die blau oder violett gefärbte Ferne und forschen nach dem Grunde dieser Farbenerscheinungen, so werden wir ihn in Folgendem leicht erkennen. Die Masse der Dünste zwischen uns und der Sonne lässt diese roth erscheinen; werden die Dünste schwächer oder geht die Sonne weiter auf, erscheint sie uns heller und folglich gelblich. Dieselbe Masse der Dünste, vom Tageslicht erhellt, zwischen der Finsterniss und uns, lässt sie blau erscheinen. In südlichen Gegenden sieht man die Ferne, durch die besonders durchsichtige Beschaffenheit der Atmosphäre, oft in dem schönsten und kräftigsten Violett. Leonhardo da Vinci äussert sich über das Blau des Himmels folgendermassen: *L'azzurro dell'aria nasce della grandezza del corpo, dell'aria alluminata, intreposta fra le tenebre superiori e la terra.* (Das Blau der Luft entspringt aus der Masse ihres erleuchteten Körpers, welche sich zwischen die obere Finsterniss und die Erde stellt.)

„Da die Farbe des Himmelsgewölbes", sagt Humboldt, „von der Anhäufung und von der Natur der undurchsichtigen Dünste abhängt, welche in der Luft vertheilt sind, so darf man sich nicht wundern, dass man während der grossen Trockenheit den Himmel in den Steppen von Venezuela und Meta von einem dunklern Blau sieht, als in dem Becken des Oceans. Von der Oberfläche der Meere erhebt sich beständig eine mit Feuchtigkeit gesättigte Luft. Ein Theil derselben vereinigt sich zu den Wolken, ein anderer Theil bleibt zerstreut in der Atmosphäre vertheilt, deren Farbe er blasser macht." — „Die Gelehrten", fährt Humboldt fort, „welche die Theorie Newton's über die Farben nicht annehmen, betrachten das Blau des Himmels als das Schwarze des Raumes, durch ein Mittel gesehen, dessen Durchsichtigkeit durch Dünste getrübt ist; sie können diese Erklärung auf die blaue Farbe des Oceans anwenden. — Der Ocean bleibt oft blau, wenn mehr als vier Fünftheile des Himmels von weissen Wolken überzogen waren."*)

---

*) Memoiren Alexanders v. Humboldt: Leipzig 1861, pag. 69 und 71.

Diese Farbenerscheinungen erfordern zu ihrer Entstehung ein trübes farbloses Mittel, dergestalt, dass Licht und Finsterniss hindurch scheinen und entweder auf's Auge, oder auf entgegenstehende Flächen einwirken; man nennt sie dioptrische Farben. Göthe, der sie für Urphänomene erklärt, sagt: „Wir sehen auf der einen Seite das Licht, das Helle, auf der anderen die Finsterniss, das Dunkele. Wir bringen das Trübe zwischen beide und aus diesen Gegensätzen, mit Hülfe gedachter Vermittelung, entwickeln sich, gleichfalls in einem Gegensatz die Farben, deuten aber alsbald, durch einen Wechselbezug, unmittelbar auf ein Gemeinsames zurück."

Herr Professor Dove ist mit der Erklärung dieser Farbenerscheinungen durch ein trübes, farbloses Mittel nicht einverstanden, obschon er als Physiker keine andere anzugeben weiss. Er sagt in seiner „Darstellung der Farbenlehre" p. 156: „Wäre die Trübung das Princip, so könnte die Sonne doch wohl hinter einer Wolke nicht vollkommen weiss erscheinen." Es ist zu beklagen, dass Herr Dove sich nicht die Mühe gab, diese Erscheinung näher zu prüfen; er würde dann den Grund gefunden haben, weshalb das Licht der Sonne hinter einer Wolke wohl geschwächt, aber nicht gefärbt erscheinen kann. Betrachten wir eine reine Kerzenflamme hinter einem lichten Gewebe oder hinter einer mit Wassertheilchen beschlagenen Fensterscheibe, so wird dadurch das Licht der Flamme wohl geschwächt, aber nicht gefärbt. Dagegen wird die Flamme hinter einem hellen Milchglase, oder hinter einem mit Oel getränkten Papier mit einem röthlichen Schein leuchten. Nur bei diesen letztgenannten Mitteln sind nämlich die Zwischenräume für den Lichteindruck so gering, dass sie wie eine gleichmässig vertheilte Trübung wirken. Einer solchen gleichmässig vertheilten Trübung, wie geöltes Papier oder helles Milchglas, ist die Atmosphäre, welche zwischen uns und der Sonne sich befindet, zu vergleichen, wogegen es mit der Trübung des Sonnenlichts durch eine Wolke ganz dieselbe Bewandniss hat, wie mit der Wirkung eines lich-

ten Gewebes oder einer mit Wassertheilchen beschlagenen Fensterscheibe auf das Kerzenlicht. Aus derselben Ursache sieht man das Licht der Sonne hinter einem aufsteigenden Nebel wohl geschwächt, aber nicht gefärbt; dagegen erscheint die Sonnenscheibe, selbst wenn sie hoch am Himmel steht, während eines sogenannten Höhenrauchs oftmals dunkelroth. „Dieses räumliche Nichtsondernkönnen der beiden zusammenwirkenden Eindrücke von Licht und Schatten ist, wie. Grävell treffend bemerkt, der Kern, welcher der Lehre Göthe's, von dem Einfluss „der trüben Mittel" auf die Entstehung der Farben, zu Grunde liegt."*)
Jeder Maler mit zartem, geübtem Sinn gewahrt jene wichtigen Naturphänomene, die sich ihm täglich mit Gewalt aufdrängen und wird seine Erklärung derselben mit der von Göthe gegebenen in Uebereinstimmung finden. Vernehmen Sie aber, wie die einfachsten Farbenphänomene in der Newton'schen Optik, und noch heutigen Tages in den physikalischen Werken, erklärt werden.

In der Tiefe des Meeres erscheint das Wasser — gegen das Sonnenlicht gesehen — roth, nach unten — gegen den Meeresgrund — grün. Dieses Phänomen will Newton daraus erklären, dass das Seewasser die violett und blau machenden Strahlen frei und häufig in grosse Tiefen hinunterlasse. Wegen der vorwaltenden rothmachenden Strahlen soll nun das directe Sonnenlicht in allen grossen Tiefen roth gesehen werden, und zwar von desto stärkerem und mächtigerem Roth, je grösser die Tiefe ist. „Und in solchen Tiefen, wo die violettmachenden Strahlen kaum hinkommen, müssen die blaumachenden, grünmachenden, gelbmachenden Strahlen von unten häufiger zurückgeworfen werden als die rothmachenden und ein Grün zusammensetzen." — Nach der einfachen und verständigen Erklärung Göthe's wirkt hier das Wasser als ein trübes Mittel, welches die Sonnnenstrahlen nach und nach mässigt, bis sie aus dem Gelben in das Rothe übergehen, wogegen die Schatten in

---

*) Ueber das Licht und die Farben, pag. 111.

der geforderten grünen Farbe gesehen werden. — In Graham's Lehrbuch der Chemie, II. Band p. 43, findet man eine Erklärung über die blaue Farbe des Himmels in folgender Weise: „Die blaue Farbe des Himmels rührt vom polarisirten Lichte her, also vom reflectirten Lichte der Wolken. Die Luft der Atmosphäre muss also Neigung haben, die rothen und gelben Sonnenstrahlen zu absorbiren und die blauen Strahlen zu reflectiren."

Sie werden mir zugeben, meine Herren, dass für einen urtheilsfähigen Menschen, der sich nicht erst durch eine Auctorität zur Schätzung der Wahrheit bestimmen lässt, diese von Newton ersonnene Erklärung über die Ursache obiger Farbenerscheinungen, wie ein Galimathias vorkommen muss, und doch ist sie von den Fachgelehrten mit staunender Bewunderung und als ein Musterstück wissenschaftlicher Betrachtung aufgenommen und bis heute beibehalten worden.

Wie sehr die Newtonianer sich in dunkele und geschraubte Terminologien verpuppt haben und von ihrem Wortkram nicht ablassen können, davon geben uns die Werke über Physik viele Beispiele. In Pouillet's bekannten *Eléments de physique* wird angeführt: *l'orange et le vert donne du jaune*, und Melloni hat in einem von ihm aufgesetzten Verzeichniss aller Farben auch ein grünliches Roth angeführt. (Schopenhauer.) Young fand, dass Gemische von prismatischem rothem und grünem Lichte vollkommen die Empfindung von Blau, Gemische von grünem und violettem Lichte ebenso die Empfindung von Gelb hervorbringen. — Schopenhauer erwähnt[*]) eine vom Pater Scherffer gegebene Erklärung der physiologischen Farben. Nach dieser Erklärung, die man sogar noch in Cuvier's Anatomie comparative wiederholt findet, soll das Auge, durch das längere Anschauen einer Farbe ermüdet, für diese Sorte homogener Lichtstrahlen die Empfänglichkeit verlieren, und in Folge dessen ein gleich darauf an-

---

*) Parerga, Band 2, p. 149.

geschautes Weiss nur mit Ausschluss eben jener homogener Farbenstrahlen empfinden, weshalb es dasselbe dann nicht mehr weiss, sondern statt dessen ein Product der übrigen 6 homogenen Strahlen, die mit jener angeschauten Farbe zusammen das Weiss ausmachen, sehen soll; „dieses Product nun also soll die als physiologisches Spectrum erscheinende Farbe sein. Diese Auslegung der Sache lässt sich aber *ex suppositis* als absurd erkennen. Denn nach angeschautem Violett erblickt das Auge auf einer weissen Fläche ein gelbes Spectrum. Dieses Gelb müsste nun das Produkt der, nach Aussonderung des Violetten übrig bleibenden 6 homogenen Lichter, also aus Roth, Orange, Gelb, Grün, Blau und Indigoblau zusammengesetzt sein; eine schöne Mischung, um Gelb zu erhalten! Strassenkothfarbe wird sie geben, sonst nichts. Zudem ist ja das Gelbe selbst ein homogenes Licht: wie sollte es denn erst das Resultat jener Mischung sein?"

Man macht Göthen einen Vorwurf daraus, dass er die Gegner seiner Lehre mit Ironie bekämpft; wer sollte aber, solchen Argumenten gegenüber, wie wir die Newtonianer gebrauchen sehen, den Ernst behaupten und nicht vielmehr fürchten, in diesem Bestreben sich selbst nur eine komische Rolle zuzutheilen!*)

Wem gefällt heute nicht die ironische Abfertigung des Dr. Rösslin durch Keppler, als dieser, Gegner der kopernikanischen Lehre, gegen die angenommene Erdumdrehung eingewendet hatte, „dass ja der gute fruchtbare Regen doch von oben herab komme". Keppler versetzte blos: „Ist wahr, sonst würden die Kühe an Bäuchen nass, wenn es über sie regnete."

---

*) „Weil nun das Menschengeschlecht sich durchaus heerdenmässig bewegt", schreibt Göthe an Zelter, „so ziehen sie bald die Majorität hinter sich her, und ein rein fortschreitender, das Problem ehrender Menschenverstand steht allein eh' er sichs versieht. Da ich nicht mehr streiten mag, was ich nie gerne that, so vergönne ich mir zu spotten und ihre schwache Seite anzugreifen, die sie wohl selbst kennen." Briefwechsel zwischen Göthe und Zelter, Band 4 p. 339.

Eine ähnliche Aeusserung, die ich in einer gelehrten Gesellschaft vernahm, giebt mir Anlass, Ihnen hier noch einmal nach meiner Weise Newton's und seiner Anhänger Denkungsart zu charakterisiren. Ein wesentlicher Unterschied, hörte ich den betreffenden Gelehrten behaupten, fände ja zwischen Göthe's und Newton's Theorie nicht Statt, sie stimmten in den Hauptpunkten vollkommen überein, nur in den Begriffen wichen sie von einander ab; es käme nur darauf an, sich in dieser Beziehung zu verständigen. — Mir schien diese Behauptung anfänglich sehr kühn und unhaltbar; nach stiller, reiflicher Ueberlegung musste ich mir denn doch gestehen, dass sie wirklich viel Wahres enthielte. Man braucht nämlich nur Alles, was Newton ausgesprochen hat, in einem ganz entgegengesetzten Sinne zu nehmen, so kommt das Wahre heraus. Folgende Beispiele werden Sie davon überzeugen.

Wenn Newton zur Bezeichnung eines Spectrums von einem Zirkel spricht, so meint er damit: was nicht rund ist; sagt er: „die Farbenlichter sind einfach, gleichartig", so will das soviel heissen als: sie sind zusammengesetzt, ungleichartig; wenn er sagt: die Farben verhalten sich gleichgültig zu den Grenzen der Schatten, so soll es heissen: die Farben verhalten sich niemals gleichgültig zu den Schatten, denn sie erscheinen nur da, wo Licht und Finsterniss zusammentreffen. Wenn wir in Newton's Optik lesen: Die Grösse des Lichtloches, der Winkel eines Prisma's haben auf die Form des Lichtbildes keinen merklichen Einfluss, so müssen wir darunter verstehen: einen sehr merklichen Einfluss. Wenn es heisst: das weisse Licht ist das Product sieben homogener Farbenlichter, so ist damit gemeint: Die Farben sind das Product des weissen Lichts. Newton will vermittelst der prismatischen Farben die Eigenschaften des Lichts entdecken; kehrt man diese Demonstration um, so gewinnt man die Wahrheit, denn aus den offenbarten Eigenschaften des Lichts sind die prismatischen Farben herzuleiten.

Wenn Newton sagt: Die sieben homogenen Lichter

lassen sich im Spectrum ganz bestimmt begrenzen, so muss man dabei denken, dass sie sich nie bestimmt begrenzen lassen, da sie immer in einander verwischt erscheinen. Nach Newton's Auffassung des Spectrums sollen sich die Farben in einer stetigen Reihe darstellen; die unbefangene Beobachtung zeigt aber, dass das prismatische Bild, wie es aus dem Prisma tritt, keineswegs eine stetige farbige Reihe, sondern eine durch ein weisses Licht getrennte farbige Erscheinung darstellt. Wenn Newton sagt: „die homogenen Lichter sind von verschiedener Brechbarkeit", so meint er damit, dass es eigentlich keine homogenen Lichter gäbe, und dass die Farben von keiner verschiedenen Brechbarkeit wären. Wenn er sagt: „Alle homogenen Lichter sind beständig und unveränderlich und können durch Refraction nicht weiter verändert werden", so meint er damit: jede Farbe ist unbeständig und veränderlich und kann durch Refraction wieder verändert werden. Wenn Newton die Brechung des Lichts und die Farbenerscheinung sich als einen und denselben Act vorstellt, so muss man diese Vorstellung so verstehen, dass die Lichtbrechung und die Farbenerscheinung nicht als ein und derselbe Act anzunehmen ist. Wenn Newton behauptet, dass die körperlichen Farben gemischt weiss erscheinen, so meint er eigentlich damit, dass sie eine Art Mäusegrau, ja, unter Umständen das tiefste Schwarz hervorbringen. Sobald er durch Experimente seine Grundprincipien beweisen will, können wir ganz sicher sein, dass sie mit seinen Experimenten gründlich widerlegt werden.

Denken Sie sich, geehrte Anwesende, einen Handschuh für die linke Hand, wird dieser Handschuh umgewendet, so entsteht einer für die rechte Hand daraus. Ganz so verhält es sich mit der Newton'schen Farbenlehre; Sie brauchen nur die Newton'schen Demonstrationen umzukehren, bei seinen Worten das Entgegengesetzte zu denken; dann wird, wie beim Handschuh, was links war rechts und die Newton'schen Theoreme stimmen dann mit den Gesetzen aller Farbenerscheinungen, wie sie uns Göthe durch seine genetische Verfahrungsweise unzweifelhaft nachgewiesen hat, fast durchaus überein.

Der vorhin erwähnte Gelehrte war ein weiser Daniel; er hatte ganz Recht, zu sagen, es handle sich in dieser Streitfrage nur um das richtige Verständniss der angewendeten Begriffe. Wir haben dies jetzt eingesehen, und werden uns künftig befleissigen, uns mit den Gegnern zu verständigen. Sagt uns künftig ein ächter Verehrer der Homogeneitätslehre: „Newton's Voraussetzungen waren so einfach und naturwüchsig, seine Methode so streng mathematisch, seine Beobachtungen so richtig, seine Versuche so plan- und zweckmässig, dass sich die Gelehrtenwelt seiner und der späteren Zeit ohne Bedenken zu seiner Lehre bekennen mussten"; — so lautet der Sinn, nach der oben angegebenen wahren Bedeutung Newton'scher Begriffe, und ganz übereinstimmend mit der Beurtheilung der Newton'schen Optik des englischen Physikers Joseph Reade's*), folgendermassen: „Newton's Voraussetzungen waren sehr complicirt, weder einfach, noch natürwüchsig, seine Methode war nicht streng mathematisch, seine Beobachtungen so grundfalsch, seine Versuche so planlos und zweckwidrig, dass viele Gelehrten und Wahrheitsfreunde seiner und der späteren Zeit ohne Bedenken sich gegen seine Lehre bekannten.

Ein Anhänger Newton's sprach von einer vergessenen Göthe'schen Farbenlehre; nach unsrer Auslegung Newton'scher Denkweise wollte er damit sagen: Die Göthe'sche Farbenlehre war nie vergessen, nur bildeten seine Anhänger, wie leider in der Regel die Vertreter einer Wahrheit, die Minorität.

Der Unterschied zwischen den beiden, in Frage stehenden Farbentheorien wird sich Ihnen aus meiner Zusammenstellung übersichtlich dargelegt haben. Wenn Sie das Prisma zur Hand nehmen und durch das Sehen mit eigenen

---

*) Monthly Magazine August 1814. Siehe den Briefwechsel zwischen Goethe und Knebel, Leipzig 1854. 2. Band p. 174.

Augen sich von der Richtigkeit der angeführten Thatsachen überzeugen, können Sie in Ihrem Urtheile, wer in dieser Streitfrage im Recht sei, der Mathematiker oder der Dichter, nicht zweifelhaft sein. Sie werden mir dann auch beistimmen, wenn ich behaupte, dass die Verehrung des Falschen, ja Unsinnigen, keine Entschuldigung mehr zulässt. Newton ging von unbewiesenen Hypothesen aus, denen er die complicirtesten, verwickeltsten Experimente, die von ihm noch ganz falsch aufgefasst wurden, zum Grunde legte, weshalb seine Lehre seit ihrem Bestehen den Gegnern viel Stoff zu Angriffen geboten hatte. „Die Newton'sche Theorie hat das Eigene" — sagt Göthe, im polemischen Theile zu seiner Farbenlehre §. 613 — „dass sie sehr leicht zu lernen und schwer anzuwenden ist. Man darf nur die erste Proposition, womit die Optik anfängt, gelten lassen oder gläubig in sich aufnehmen; so ist man auf ewig über das Farbenwesen beruhigt. Schreitet man aber zur näheren Untersuchung, will man die Hypothese auf die Phänomene anwenden, dann geht die Noth erst an; dann kommen Vor- und Nachklagen, Limitationen, Restrictionen, Reservationen zum Vorschein, bis sich jede Proposition erst im Einzelnen, und zuletzt die Lehre im Ganzen vor dem Blick des scharfen Beobachters völlig neutralisirt."

Um das Falsche seiner Lehre zu beschönigen und zu verstecken, war Newton genöthigt, die übrigen sich ihm zudringenden Erscheinungen, wenn sie nicht zu beseitigen waren, in einer untergeordneten Beziehung aufzunehmen und darzustellen. Seine Vorstellungen von der Beschaffenheit der Grundursache des Lichts und der Farben finden in dem wahren Thatbestande so wenig Bestätigung, dass sie von ihm nur durch Scheinbeweise, künstliche, sinnverwirrende Mittel, mathematische Berechnungen und Formeln aufrecht erhalten werden konnten. „Der Pater Castel", schreibt Göthe an Schiller (1798), „giebt geradezu Newton selbst Unredlichkeit schuld, und gewiss geht die Art, wie er aus seinen *Monumentis opticis* die

Optik zusammenschrieb, in diesem Sinne über alle Begriffe. Er hat offenbar die schwache Seite seines Systems eingesehen. Dort trug er seine Versuche vor wie einer, der von seiner Sache überzeugt ist und in der Ueberzeugung mit der grössten Confidenz Blössen giebt; hier stellt er das Scheinbarste voraus, erzwingt die Hypothese und verschweigt, oder berührt nur ganz leise, was ihm zuwider ist." Wie wenig eine wahre Einsicht in das Wesen der Natur der Farbe von Newton's Lehre erwartet werden kann, beweist der merkwürdige Umstand, dass der Leser seiner Optik sich nicht einmal eine richtige Vorstellung über die Art der Farbenerscheinungen eines Spectrums verschaffen kann.

Einem Bewunderer der Newton'schen Lehre, der die Verkehrtheiten in derselben nicht gewahr wird, mag es nicht befremdend sein, wenn Prof. Dove in seiner Darstellung der Farbenlehre, erst ganz am Schluss die Physiker, nachdem dieselben sich seit 200 Jahren bemüht haben, eine Farbenlehre aufzustellen, zur näheren Belehrung an die Physiologen verweist, obwohl vernünftiger Weise eine Untersuchung der Farben mit den physiologischen Phänomenen anfangen muss. „Es ist aber nicht so was Unerhörtes," sagt Kant, „dass, nach langer Bearbeitung einer Wissenschaft, wenn man Wunder denkt, wie weit man schon darin gekommen sei, endlich sich jemand die Frage einfallen lässt: ob und wie überhaupt eine solche Wissenschaft möglich sei. Denn die menschliche Vernunft ist so baulustig, dass sie mehreremale schon den Thurm aufgeführt, hernach aber wieder abgetragen hat, um zu sehen, wie das Fundament desselben wohl beschaffen sein möchte."

Mit Göthe's Verfahren bei den Beobachtungen der Farben verhält es sich ganz umgekehrt; er geht dabei vom physiologischen Standpunkte aus, beginnt mit den einfachsten, alltäglich sich uns darbietenden Farben-Erscheinungen, und baut alsdann seine bewunderungswürdige Farbenlehre mit leichtfasslichen Elementen und in geordneter Reihenfolge auf. Die Frage, was die Farbe an sich sei,

---

*) Prolegomena p. 5.

weisst er zurück, indem er sich darüber folgendermassen ausspricht: „Die Farbe ist ein elementaires Urphänomen für den Sinn des Auges, das sich, wie die Uebrigen alle, durch Trennung und Gegensatz, durch Mittheilung und Vereinigung, durch Erhöhung und Neutralisation, Mittheilung und Vertheilung und so weiter manifestirt und unter diesen allgemeinen Naturformeln am besten angeschaut und begriffen werden kann." Diese Zurückhaltung gründete sich auf die gewissenhafte Maxime, nur die Erscheinungen in ihrem Urstande aufzusuchen, sie dann in ihrer mannigfaltigen Ausbreitung und Anwendung zu verfolgen und die Stellung und Folge der Phänomene naturgemäss vorzutragen. Zur Schätzung des Richtigen bedarf es nicht erst der Berufung auf eine Auctorität, weshalb Göthe einen Jeden, der sich für seine Farbenlehre interessirt, zur Vornahme der Experimente und zur ruhigen Prüfung der angeführten Thatsachen auffordert.

„Wenn das Experiment aufs Höchste gebracht wird," sagt Göthe, „so muss es identisch ausfallen mit dem Organe selbst; z. B. das Auge ist schon achromatisch; die achromatischen Gläser bringen nur dasselbe hervor. Mit einem Worte, die Sinne selbst sind schon die eigentlichen Experimentirer, Prüfer und Bewährer der Phänomene, indem die Phänomene das, was sie sind, nur für die respectiven Sinne sind."*)

Eine gründliche Betrachtung der Farben kann nur davon ausgehen, sie als physiologische Erscheinung zu untersuchen. Göthe betrachtete daher zuerst die Farben, insofern sie dem Auge angehören und auf einer Wirkung und Gegenwirkung desselben beruhen; diese sind die physiologischen Farben. Sodann zogen die Farben seine Aufmerksamkeit auf sich, zu deren Entstehung ein farbloses Mittel gefordert wird; diese sind die physischen Farben. Zuletzt bespricht er die Farben, welche als dem Gegenstand angehörig gedacht werden können; es sind die chemischen Farben.

---

*) Riemer II. Bd. p. 709

Jene ersten sind in ihrem Wesen unaufhaltsam flüchtig, die zweiten vorübergehend und allenfalls verweilend, die dritten bis zur spätesten Dauer festzuhalten.

Die physiologischen Farben, welche uns das Verhältniss chromatischer Harmonie offenbaren, machen demnach das Fundament der Göthe'schen Farbenlehre aus. Die physischen Farben, welche nur um einen Grad mehr Realität haben, als die physiologischen, schliessen sich jenen an. Ueber die chemischen Farben giebt Göthe nur eine Skizze, wie sie sich allenfalls an die allgemeinen physischen anschliessen liessen.

Weil Göthe bei seinen Beobachtungen der Farbenerscheinungen sich mit gewissenhafter Treue der Natur anschloss und das Nöthige zur näheren Einsicht der Verhältnisse beibrachte, musste er in der richtigen Betrachtung derselben den abstrakten Theoretikern um hundert Jahre voraus sein. Seine Farbenlehre ward deshalb immer von Praktikern, wenn sie dieselbe einmal zur Hand genommen hatten, für die einzig richtige und zu praktischen Zwecken anwendbare gehalten; die Newton'sche Farbenlehre dagegen, für die Anwendung nicht den geringsten Vortheil bietend, verbreitete sich niemals über den Raum der Hörsäle.

Der Maler Riedel in Rom, einer unserer besten Coloristen, gestand einem unserer Freunde, dass er, an der Newton'schen Theorie frühe irre geworden, sich in langjährigem Suchen eine eigene Farbenlehre mühsam zurecht gemacht habe, und nicht wenig erstaunt gewesen sei, am endlichen Ziele seiner Mühen den Verfasser des „Jahrmarktes von Plundersweiler" schon vergnügt am selben Ziele ausruhen zu sehen.

Dass der berühmteste Colorist England's, der Maler Eastlake, Präsident der Kunstakademie in London, Göthe's Farbenlehre ins Englische übersetzt und sie seinen Landsleuten aufs angelegentlichste empfohlen, habe ich Ihnen schon mitgetheilt.

Vergleichen wir nun den Inhalt der beiden aufgestellten Farbentheorieen und die Erfolge derselben, so wird sich uns unwillkührlich die Frage aufdrängen: Wie war es möglich, dass man von Seiten der Fachmänner, nach ruhiger Prüfung und Erwägung der beiden Farbentheorieen, in der Entscheidung eines Urtheiles zweifelhaft sein konnte? — wie war es möglich, dass ein dem Menschenverstande hohnsprechendes, blos auf trügerische Ueberredung angelegtes Product, wie die Newton'sche Farbenlehre, noch nach dem Erscheinen der Göthe'schen von den Männern der Wissenschaft als ein unübertreffliches Muster der Naturbeobachtung und ächt wissenschaftlicher Behandlungsweise, der feinen Anwendung der Geometrie, der Kunst, sich in der Experimentalphilosophie zu benehmen, gerühmt und auf allen Kathedern mit grosser Zuversicht gelehrt und angepriesen werden konnte?

Eine andere Frage aber, die Ihnen, meine Herren Collegen, besonders nahe liegt und von der es nur befremden muss, dass sie nicht schon früher aufgeworfen wurde, ist diese: Warum hat man bis jetzt unterlassen, die Farbenlehre der Physiker in den Hörsälen der Kunstakademien vorzutragen, und dem Maler, der doch sonst in den Hülfswissenschaften seiner Kunst, in Perspective, Osteologie, Myologie, Kunstgeschichte etc. Unterricht empfängt, an der gepriesenen Offenbarung Newton'schen Tiefsinnes Theil nehmen zu lassen? Wäre die Newton'sche Theorie nur von einigem praktischen Werth, man würde sie sicherlich nicht blos denen vortragen, die, wie die Besucher gelehrter Schulen, von ihrer Anwendung sich gar keinen, oder nur geringen Nutzen zu versprechen haben.

Unsern Nachkommen wird die Beantwortung dieser Fragen nicht zweifelhaft sein. Für uns bleibt aber die Beachtung eines erst kürzlich durch Zeitungen kund gewordenen Umstandes von Wichtigkeit, der schon jezt eigenthümlichen Aufschluss über die menschliche Sinnesart in dieser Angelegenheit giebt. In Schopenhauer's Nachlass hat sich das Concept eines Briefes vorgefunden, worin er dem Maler Sir Charles Eastlake unter andern folgendes schreibt: „Nun wohl, mein Herr, was ich Ihnen jetzt mittheilen werde, bezeuge ich bei meiner Ehre, bei meinem Gewissen und bei meinem Eide als reine Wahrheit. Im Jahre 1830, als ich im Begriffe war, diese Abhandlung,*) welche deutsch diesen Brief begleitet, lateinisch herauszugeben, ging ich zu Dr. Seebeck**) an der Berliner Academie der Wissenschaften, der allgemein für den ersten Physiker Deutschlands gilt. Ich fragte ihn um seine Meinung über die Streitfrage zwischen Göthe und Newton; er war ausserordentlich vorsichtig, lies mich versprechen, dass ich nichts von dem, was er sage, drucken oder veröffentlichen würde, und zuletzt, nachdem ich ihn hart ins Gedränge gebracht hatte, gestand er, **dass Göthe in der That vollkommen recht und Newton Unrecht habe, aber, dass es seine Sache nicht sei, der Welt das zu sagen. Der alte Feigling!**" — Soweit Schopenhauer. — Seebeck hatte nicht den Muth, mit einer von ihm für wahr erkannten Lehre seinen Herren Collegen, die eine nur aus Trugschlüssen aufgestellte Theorie zu der ihrigen gemacht hatten, entgegen zu treten. Er fürchtete, sich durch das Antasten einer Theorie, die von den Physikern für den Glanzpunkt menschlichen Scharfsinnes gehalten wurde, Unannehmlichkeiten zu bereiten und liess daher gelten, was Geltung gewonnen hatte. Man muss hier wohl berücksichtigen, dass Professor Seebeck, als Lehrer der Physik, vom Staate dazu berufen war, die Wahrheiten in den Erscheinungen der Natur zum Wohle der Menschheit zu ermitteln und festzustellen. Irrthümer sind menschlich, aber den Irrthum als solchen erkennen

---

*) Ueber das Sehen und die Farben. 1816.
**) Thomas Johann Seebeck, Dr. med., geb. zu Reval 1770, lebte zu Bayreuth, Jena und Nürnberg. Seit 1806 hat er Göthe bei seiner Farbenlehre sehr wesentlichen Beistand geleistet. Das Institut de France erkannte ihm am Anfange dieses Jahres die Hälfte eines für eine Abhandlung über Spiegelung und doppelte Strahlenbrechung ausgesetzten Preises zu. Im Jahr 1818 ward er zu Göthe's Freude zum Mitgliede der Berliner Academie ernannt. Wir finden seiner in dem Briefwechsel zwischen Göthe und Knebel, Göthe und Staatsrath Schultz oft gedacht.

und die Wahrheit verschweigen, ist eine Schwäche und zwar eine um so tadelnswerthere, wenn man dabei noch durch den Beruf verpflichtet war, sie laut zu verkünden. Dieses mögen Alle wohl erwägen, die durch ihren Beruf sich einer ähnlichen Versäumniss ihrer Pflicht verantwortlich machen.*) Es gilt in unserer Angelegenheit nicht allein die Verbreitung einer Wahrheit, sondern, wie Grävell bemerkt, auch die Abtragung einer Nationalschuld, einer Schuld, bei welcher der gesammten civilisirten Welt das Recht der Betheiligung zusteht.

Man hat von seiten der Fachgelehrten Mittel angewendet, um die Zudringlichkeit der Widersacher abzuwenden, wie man sie nicht gebraucht, wenn es sich darum handelt, eine evidente Wahrheit zu vertheidigen. Diese Mittel sind: gänzliches Stillschweigen über die von Seiten der Gegner

---

*) Aus dem von Göthe angeführten Auszuge einer Abhandlung über Newton's Optik von dem Pater Castel (Geschichte der Farbenlehre p. 332.) kann folgende Stelle dienen, die Augen auch selbst der unphilosophischen Physiker für die Wahrheit zu öffnen: „Die ersten," sagt Castel daselbst, „welche das Prisma nach ihm (Newton) handhabten, handhabten es ihm nur nach. Sie setzten ihren ganzen Ruhm darein, den genauen Punkt seiner Versuche zu erhaschen, und sie mit einer abergläubischen Treue zu kopiren. Wie hätten sie etwas anders finden können, als was er gefunden hatte? Sie suchten, was er gesucht hatte, und hätten sie etwas anderes gefunden, so hätten sie sich desseñ nicht rühmen dürfen, sie würden sich selbst darüber geschämt, sich daraus einen heimlichen Vorwurf gemacht haben. So kostete es dem berühmten Herrn Mariotte seinen Ruf, der doch ein geschickter Mann war, weil er es wagte, weil er es verstand, den betretenen Weg zu verlassen. Gab es jemals eine Knechtschaft, die Künsten und Wissenschaften gefährlicher gewesen wäre?"— „Das Publikum sollte demjenigen höchlich danken, der es warnte; denn die Verführung kam dergestalt in Zug, dass es äusserst verdienstlich ist, ihre Fortschritte zu hemmen. Die Physik mit anderen ihr verwandten Wissenschaften und von ihr abhängigen Künsten war ohne Rettung verloren durch dieses System des Irrthums und durch andere Lehren, denen die Auctorität desselben statt Beweises diente. Aber in diesen wie in jenen wird man künftig das Schädliche einsehen."

ihnen immer wieder vorgehaltenen Irrthümer in ihren Beobachtungen; Schmähungen und spitzfindige Argumentationen, statt ruhiger und klarer Erwiederung; nackte Berufung auf eine Auctorität; Hinweis auf die Unfehlbarkeit mathematischer Berechnungen; und wenn schliesslich alle die Vertheidigungsmittel nichts mehr fruchteten, wird oft sogar die kecke Behauptung ausgesprochen: die Newton'sche Farbenlehre sei eine längst von der Wissenschaft antiquirte.

Schon dieses eine Mittel beweist die grosse Verlegenheit, in welcher die Angefochtenen sich befinden müssen, weil dasselbe auf einer Unwahrheit beruht, wie sie Jeder aus den physikalischen Werken nachzuweisen im Stande ist; auch in den noch vor Kurzem erschienenen und von uns oft citirten Schriften von Dove, Helmholtz und Aderholdt wird man die Grundprincipien der Newton'schen Theorie vertheidigt und die homogenen Lichter anerkannt finden.*) Oft erfahrene Angriffe haben gewisse Fachgelehrte immer verstockter und dabei noch hartnäckiger in der Vertheidigung ihrer Scheinlehre, und unüberlegter in ihren Aeusserungen werden lassen; so hat man kürzlich noch, wie ich schon erwähnte, in einer naturwissenschaftlichen Gesellschaft offen laut werden lassen, dass die Maler durchaus nicht berechtigt seien, in dieser Streitfrage ein entscheidendes Wort mitzusprechen. — Sicherlich haben die exacten Nachbeter der Compendien weder von unwissenden und gläubigen Schülern, noch von Blinden Kritik und Tadel zu fürchten, desto entschiedener aber von den Praktikern im Gebiete der Farben. Durch unseren Beruf als Maler sind wir dazu verpflichtet, den wackeren Kämpfern für das Recht Göthe's lebhaften Beistand zu leisten, damit auch durch unsere Mitwirkung eine allgemeinere und wärmere Theilnahme, als bisher, an

---

*) Dr. Aderholdt sagt in seiner Schrift: Ueber Göthe's Farbenlehre, p. 16: „Es ist schon erwähnt worden, dass seine (Newton's) Farbenlehre der gegenwärtig in der Physik gültigen immer noch zu Grunde liegt."

dieser Streitfrage angeregt werde. Sobald diese Anregung erfolgt ist, kann der Zeitpunkt nicht mehr fern sein, in welcher die öffentliche Meinung die alte Burg der Inanition erstürmt und das Siegespanier über Göthe's unsterbliche Leistung entfaltet haben wird.

Ich schliesse mit einem buddhaistischen Ausspruch: „An alle Menschen, ohne Rücksicht auf Geburt und Kaste, auf Gelehrsamkeit und Bildung richtet sich die Botschaft der Wahrheit."

# ERSTER ANHANG.

Für diejenigen, welche in vorliegender Streitfrage mit gewissenhafter Aengstlichkeit sich auf die Auctorität Newton's berufen, weil sie entweder die Mühen eigener Beobachtungen scheuen, oder aus Mangel eigenen Urtheils sich freiwillig jeder selbstständigen Meinung begeben, stelle ich im Folgenden aus verschiedenartigen Werken Mittheilungen und Aussprüche über Newton zusammen, die dazu beitragen werden, den Charakter dieses Mannes, sowie seine Bedeutung als Naturforscher zur unbefangenen Prüfung ins rechte Licht zu stellen.

Parerga und Paralipomena, von Arthur Schopenhauer; Berlin 1851. In dem 2. Bande dieses Werkes, 6. Abschnitt, §. 86. S. 114—118, giebt Schopenhauer den hier aufgenommenen Nachweis über den Ursprung der Aufstellung des Gravitationsgesetzes, den man bisher irriger Weise Newton zugeschrieben hatte und worauf dessen Ruhm besonders begründet war. —

„Der Grundgedanke," sagt Schopenhauer daselbst, „die uns unmittelbar nur als Schwere bekannte Gravitation zum Zusammenhaltenden des Planetensystems zu machen, ist ein, durch die Wichtigkeit der sich daran knüpfenden Folgen, so höchst bedeutender, dass die Nachforschung nach seinem Ursprunge nicht als irrelevant beseitigt zu werden verdient; zumal wir uns bestreben sollten, wenigstens als Nachwelt gerecht zu sein, da wir als Mitwelt es so selten vermögen.

Dass, als Newton 1686 seine *principia* veröffentlichte, Robert Hooke ein lautes Geschrei über seine Priorität des Grundgedankens erhob, ist bekannt; wie auch, dass seine und Anderer bittere Klagen dem Newton das Versprechen abnöthigten, in der ersten vollständigen Ausgabe der *principia*, 1687, ihrer zu erwähnen, was er denn auch in einem Scholion zu *P. I. prop.* 4, *corol.* 6, mit möglichster Wortkargheit gethan hat, nämlich *in parenthesi:* „*ut seorsim collegerunt etiam nostrates Wrennus, Hookius et Hallaeus.*"

Dass Hooke schon im Jahr 1666 das Wesentliche des Gravitationssystemes, wiewohl nur als Hypothese, in einer *communication to the Royal society* ausgesprochen hatte, ersehen wir aus der Hauptstelle derselben, welche, in Hooke's eigenen Worten, abgedruckt ist in *Dugald Stewart's philosophy of the human mind*, *Vol.* 2, *p.* 434. — In dem *Quarterly review* vom August 1828 steht eine recht artige concise Geschichte der Astronomie, welche Hooke's Priorität als ausgemachte Sache behandelt.

In der beinahe hundert Bände befassenden *Biographie universelle* scheint der Artikel Newton eine Uebersetzung aus der *Biographia Brittannica* zu sein, auf welche er sich beruft. Er enthält die Darstellung des Weltsystemes aus dem Gravitationsgesetz, wörtlich und ausführlich, nach *Robert Hooke's an attempt to prove the motion of the earth from observations, Lond.* 1674, 4. — Ferner sagt der Artikel, der Grundgedanke, dass die Schwere sich auf alle Weltkörper erstrecke, finde sich schon ausgesprochen in *Borelli theoria motus planetarum e causis physicis deducta. Flor.* 1666. Endlich giebt er noch die lange Antwort Newton's auf Hooke's oben erwähnte Reklamation der Priorität der Entdeckung. — Die zum Ekel wiederholte Apfelgeschichte hingegen ist ohne Auctorität. Sie findet sich zuerst als eine bekannte Thatsache erwähnt in *Turner's history of Grantham*, *p.* 160. — Pemberton, der noch den Newton, wiewohl in hohem und stumpfem Alter, gekannt hat, erzählt zwar, in der Vorrede zu seiner *view of Newton's philosophy*, der Gedanke sei demselben zuerst in einem Garten gekommen, sagt aber nichts vom Apfel: dieser wurde nachher ein plausibler Zusatz. Voltaire will ihn von Newtons Nichte mündlich erfahren haben; was denn wahrscheinlich die Quelle der Geschichte ist. Siehe *Voltaire élémehts de philos. de Newton P. II. ch.* 3.

Zu allen diesen, der Annahme, dass der grosse Gedanke der allgemeinen Gravitation ein Bruder der grundfalschen homogenen Lichter-Theorie sei, widersprechenden Auctoritäten habe ich nun noch ein Argument zu fügen, welches zwar nur psychologisch ist, aber für Den, der die menschliche Natur auch von der intellectuellen Seite kennt, viel Gewicht haben wird.

Es ist eine bekannte und unbestrittene Thatsache, dass Newton, sehr frühe, angeblich schon 1666, möge es nun aus eigenen, oder aus fremden Mitteln gewesen sein, das Gravitationssystem aufgefasst hatte und nun, durch Anwendung desselben auf den Mondlauf, es zu verificiren versuchte; dass er jedoch, weil das Ergebniss nicht genau zur Hypothese stimmte, diese wieder fallen gelassen und sich der Sache auf viele Jahre entschlagen hat. Eben so bekannt ist der Ursprung jener ihn davon zurückschreckenden Diskrepanz: sie war nämlich blos daraus entstanden, dass Newton den Abstand des Mondes von uns um beinah $\frac{1}{7}$ zu klein annahm, und dieses wieder, weil derselbe zunächst nur in Erdhalbmessern ausgerechnet werden kann, der Erdhalbmesser nun wieder aus der Grösse der Grade des Erdumkreises berechnet wird, diese letztern allein aber unmittelbar gemessen werden. Newton nahm nun, blos nach der gemeinen geographischen Bestimmung, in runder Zahl, den Grad zu 60 Englischen Meilen an, während er in Wahrheit $69\frac{1}{2}$ hat. Hievon war die Folge, dass der Mondlauf zur Hypothese der Gravitation, als einer Kraft, die nach dem Quadrat der Entfernung abnimmt, nicht wohl stimmte. Darum also gab Newton die Hypothese auf und entschlug sich derselben. Erst etwa 16 Jahre später, nämlich 1682, erfuhr er zufällig das Resultat der bereits seit einigen Jahren vollendeten Gradmessung des Franzosen Picard, wonach der Grad beinahe $\frac{1}{4}$ grösser war, als er ihn ehemals angenommen hatte. Ohne Dies für besonders wichtig zu halten, notirte er es sich, in der Akademie, woselbst es ihm aus einem Briefe mitgetheilt worden, und hörte sodann, ohne dadurch zerstreut zu sein, dem Vortrage daselbst aufmerksam zu. Erst hinterher fiel ihm die alte Hypothese ein: er nahm seine Rechnungen darüber wieder vor und fand jetzt den Thatbestand genau derselben entsprechend, worüber er bekanntlich in grosse Ekstase gerieth.

Jetzt frage ich Jeden, der selbst Vater ist, der selbst Hypothesen erzeugt, genährt und gepflegt hat: geht man so mit seinen Kindern um? stösst man sie, wenn nicht Alles gleich klappen will, sofort unbarmherzig aus dem Hause, schlägt die Thüre zu und frägt in 16 Jahren nicht mehr nach ihnen? wird man nicht vielmehr in einem Fall obiger Art, ehe man das so bittere „es ist nichts damit" ausspricht, vorher noch überall, und müsste es bei Gott Vater in der Schöpfung sein, einen Fehler vermuthen, eher als in seinem theuern, selbsterzeugten und gepflegten Kinde? — und nun gar hier, wo der Verdacht seine richtige Stelle so leicht hätte finden können, nämlich in dem (neben einem visirten Winkel) alleinigen empirischen Dato, welches der Rechnung zum Grunde lag und dessen Unsicherheit so bekannt war, dass die Franzosen ihre Gradmessungen schon seit 1669 betrieben, welches schwierige Datum Newton aber so ganz obenhin, nach der gemeinen Angabe, in Englischen Meilen, angenommen hatte. Und so verführe man mit einer wahren und welterklärenden Hypothese? Nimmermehr, wenn sie eine eigene ist! Hingegen mit wem man so umgeht, weiss ich auch zu sagen: mit fremden, ungern ins Haus gelassenen Kindern, auf welche man (am Arm seiner eigenen unfruchtbaren Gemahlin, die nur Ein Mal, und zwar ein Monstrum, geboren) scheel und misgünstig hinsieht und sie, eben nur von Amts wegen, zur Prüfung zulässt, schon hoffend, dass sie nicht bestehen werden, sobald aber sich Dieses bestätigt, sie mit Hohngelächter aus dem Hause jagt.

Dieses Argument ist, wenigstens bei mir, von so vielem Gewicht, dass ich darin eine vollkommene Beglaubigung der Angaben erkenne, welche den Grundgedanken der Gravitation dem Hooke zuschreiben und nur die Verifikation desselben durch Berechnungen dem Newton lassen; wonach es dem armen Hooke ergangen ist, wie dem Kolumbus: es heisst „Amerika," und es heisst: das Newtonische Gravitationssystem.

Was übrigens das oben berührte siebenfarbige Monstrum betrifft; so könnte, dass es 40 Jahre nach Erscheinung der Göthe'schen Farbenlehre noch in vollem Ansehn steht und die alte Litanei vom *foramen exiguum* und den 7 Farben, aller Augenfälligkeit zum Trotz, noch immer abgesungen wird, mich allerdings irre machen; — hätte ich nicht schon längst mich gewöhnt, das Urtheil der Zeitgenossen den Imponderabilien beizuzählen. Daher also sehe ich darin nur einen Beweis der trübseligen und beklagenswerthen Beschaffenheit einerseits der Physiker von Profession und andrerseits des sogenannten gebildeten Publikums, welches, statt zu prüfen, was ein grosser Mann gesagt hat, jenen Sündern gläubig nachredet, Göthe's Farbenlehre sei ein misslungener, unberufener Versuch, eine zu vergessende Schwachheit."

Aus einem astronomischen Werke führt Dr. Grävell in seiner Schrift: Charakteristik der Newton'schen Farbenlehre, Berlin 1858, p. 27, folgende zwei Stellen an:

„Vielleicht wird eine Andeutung darüber für Sie nicht ohne Interesse sein, dass es mit den berühmten astronomischen Werken Newton's eine ganz ähnliche Bewandtniss hat, wie mit seiner Farbenlehre, welcher, wie wir hier gesehen haben, eine sophistische Verirrung zu Grunde liegt. Da ein näheres Eingehen auf diesen Punkt ausser dem Bereich dieses Vortrages liegen würde und auch keine Zeit dazu übrig ist, so beschränke ich mich, um Ihnen nur eine ungefähre Andeutung von der merkwürdigen hier vorliegenden Uebereinstimmung zu geben, auf die kurze Anführung zweier Stellen aus einer Schrift des Herrn Dr. Dittmann, eines Astronomen, welche den Titel führt: „Die Erde ein Himmelskörper" (Kiel 1857) hauptsächlich aber einer Beurtheilung der astronomischen Theorie Newton's gewidmet ist. Der Verfasser sagt daselbst S. 64:"

„„Wir sind weit entfernt, die wahren Verdienste des Newton, als eines ausgezeichneten Mathematikers, zu verkennen, oder diese verkleinern zu wollen. Wir sind auch bereit, Alles das gelten zu lassen, was nur irgend als Entschuldigungs- oder Milderungsgrund für sein unverantwortliches gravitations-theoretisches Verfahren mit Fug und Recht geltend gemacht werden kann. Aber bei dem, bei allem guten Willen, müssen wir doch wider Wunsch bekennen, ausser Stande zu sein, für alle Einzelnheiten des Newton'schen Verfahrens solche Entschuldigungs- oder Milderungsgründe ausfindig zu machen und gelten zu lassen. In einzelnen Fällen ist dies nach unserer innigen wahrhaftigen Ueberzeugung unmöglich. Hierher gehören unter anderen das oben angeführten Coroll. 2, prop. II. p. 36, sowie auch die oben erwähnte Kometenschweifdoctrin. Wenn Jemand — ohne wissenschaftlich unzurechnungsfähig zu sein — bei wissenschaftlichen Untersuchungen oder Aufstellungen über alle und jede Gesetze des Denkens sich hinwegsetzt, so dass er in einem Athemzuge Behauptungen aufstellt, wie: „die Wand ist weiss" und: „eben diese Wand ist schwarz," — so ist das in wissenschaftlicher Hinsicht nichts Anderes, als was es in rechtlicher Hinsicht ist, wenn Jemand, je nachdem es sein Vortheil erheischt, bald rechnet: 2 mal 2 sind 5, bald 2 mal 2 sind 3; und ein solches Verfahren verdient dort wie hier nicht Beschönigung sondern es erheischt, wenn nicht die Wissenschaft zu einer elenden Narrensposse herabsinken soll, die strengste und unnachsichtlichste Rüge."""

„S. 157 sagt der Verfasser:"

„"Das Fundament, worauf Newton seine Theorie baut, ist die Annahme einer, dem, den Himmelskörpern in Gedanken beizulegenden Centripetalbestreben, zum Grunde liegenden besonderen Kraft.""

„"Diese Annahme — von Newton in seiner Definition als ein Princip erschlichen — ist verkehrt. Es giebt keine solche Kraft. Newton konnte das Vorhandensein einer solchen nur *per petitionem principii* — durch Principserschleichung — behaupten. Das gedachte Centripetalbestreben der Himmelskörper kann gar nicht die alleinige Wirkung einer besonderen Kraft sein, weil es keine solche Kraft giebt, indem zur Bewegung der Himmelskörper, wenn sie unter der Einwirkung einer solchen Kraft vor sich gehen sollte, anderweitige Bedingungen, Kräfte und Umstände erfordert würden, wie sie in Wirklichkeit nicht vorhanden sind, noch vernünftiger Weise als vorhanden vorausgesetzt, ja nicht einmal als möglich gedacht werden können."" — —

„"„Damit ist die ganze Theorie, das ganze darauf gebaute System hinfällig.""

„Herr Dr. Dittmann kommt hiernach zu dem Schluss, dass die von Newton aufgestellte Theorie einen verderblichen Rückschritt für die Astronomie bewirkt habe und dass unter den zwei über Newton verhandenen Versen, dem von Pope:

> Natur und all ihr Werk lag tief in Nacht verborgen,
> Gott sprach: lass Newton sein! und es war lichter Morgen,

und dem von Göthe:

> Aus Blau, Roth, Gelb hat Newton Weiss gemacht,
> Er hat uns Vieles weiss gemacht,

man sich für die grössere Richtigkeit des letzteren entscheiden müsse. So urtheilt ein Astronom aus den astronomischen Werken Newton's. Ich enthalte mich jedes weiteren Zusatzes."

Memoiren Alexander's v. Humboldt. Leipzig 1861. p. 308.

Alexander v. Humboldt schreibt an seinen Bruder Wilhelm v. Humboldt aus Washington, 1804, Folgendes: "Tugend scheint mir nach meinen bisherigen Erfahrungen eine Chimäre.

"Ist es denn in der Gelehrtenwelt anders? Der Lehrer bevorzugt den Schüler, welcher seinen Ansichten blindlings huldigt; die Gelehrten als Corporation erkennen nur den als ihr Mitglied an, welcher ohne Gedanken in das Schafgeblök des allgemeinen *Consensus* einstimmt. Schon Pythagoras verlangte diese absolute Unterwürfigkeit, durch welche von vorn herein alles edlere Gefühl nnd Streben abgestreift wird. Wehe dem jungen Gelehrten, der so unverständig sein wollte, gegen angenommene Auctoritäten aufzustehen.

"Unser Wissen ist eine leere Null; — das Ansehen der Gelehrten lässt sich nur so lange halten, wie der Eine von ihnen den Andern unterstützt. Um der eigenen Erhebung willen muss der Einzelne an der Erhebung Aller wirken; um selbst berühmt zu werden, muss man bemüht sein, Andern zum Ruhme zu helfen. Ein gefeierter Gelehrter zu werden, muss man vor allen Dingen ein ganzer Diplomat sein. Ich kenne in der ganzen Wissenschaft keine albernere Erscheinung, als den grossen Britten, Newton. Dieser Mensch studirte die Natur hinter verstaubten Folianten, anstatt sie in der Natur selbst kennen zu lernen; er dictirte dem Weltall Gesetze, die in seinem vertrockneten Gehirn entsprungen waren, und je unsinniger seine Aufstellungen waren, desto mehr bewunderte man sie, weil sie den Ideen seiner Zeit entsprachen. Seitdem ist es allgemeine Pflicht, ihn zu preisen und zu feiern, bis die Zeit des Umschwungs erschienen sein wird; dann wird der am meisten gefeiert werden, welcher am kecksten gegen ihn auftreten wird.

Das sind unerquickliche Dinge. Man sollte sich gar nicht mit denselben mühen, aber es ist Grund genug, missgestimmt zu werden, wenn man sich muthig tausendfachen Qualen und Gefahren ausgesetzt hat und gleichwohl sich gezwungen sieht, die schönsten Erfahrungen und Entdeckungen, welche man machte, im Innern zu verschliessen, weil die Menschheit für dieselben nicht reif ist. Es ist Grund genug, missgestimmt zu werden, wenn man keine andre Aussicht vor sich hat, als jämmerlichen Geistern zu dienen, um selbst über jämmerliche Geister zu herrschen."

---

In dem Briefwechsel zwischen Göthe und Knebel, Göthe und Staatsrath Schultz wird das englische Journal *Monthly Magazine* von 1814 und 1815 oft erwähnt, weil darin Aufsätze von der nicht herrschenden Parthei englischer Physiker aufgenommen sind, die heftige Angriffe gegen ihren Nationalhelden Newton enthalten. Zum Beweise, dass die englischen Physiker sich den Grundsätzen der Göthe'schen Farbenlehre nähern, führt Knebel in einem Briefe an Göthe folgenden Titel eines Aufsatzes an, der wider Newton's Optik gerichtet ist.

„*Monthly Magazine*, im August 1814."
„Experimente um zu beweisen, dass das Spectrum kein Bild der Sonne ist, wie Newton im 3. Experiment seiner Optik p. 21 zu beweisen sich bemühte, sondern ein Bild der Darstellung des Loches in seinem Fensterladen."

Der von Knebel beigegebene Schluss dieses Aufsatzes lautet folgendermassen: „In der That, je mehr wir seine (Newton's) Farbentheorie untersuchen, desto mehr haben wir Ursache, an den Resultaten seiner Experimente zu zweifeln. Und wie gross auch sein Name, sein Genie oder sein mathematischer Scharfsinn sein mag, die Wahrheit nöthigt uns die Meinung zu hegen, dass — wenn die Optik ihrer geometrischen Verzierungen beraubt wäre — eine

Dürftigkeit des Urtheils, ein Mangel experimentaler Kenntnisse mit langweiliger Entfaltung von scheinbar genauen Untersuchungen, das Buch einer verdienten Vergessenheit überliefern, oder demselben einen Platz auf dem Bücherbrette mit andern mystischen Schriften anweisen würden, deren grösstes Verdienst darin besteht, dass sie über, oder richtiger gesagt, unter unserer Fassungskraft sind.
Joseph Reade."\*)

## ZWEITER ANHANG.

### Auszüge aus dem Briefwechsel:

1) zwischen Schiller und Göthe, Cotta 1856;
2) zwischen Göthe und Knebel, Brockhaus 1851;
3) zwischen Göthe und Staatsrath Schultz, Dyk 1853;
4) zwischen Göthe und Zelter, Berlin 1834;

die sich sämmtlich auf Göthe's Forschungen im Gebiete der Farben beziehen.

**1) Aus dem Briefwechsel zwischen Schiller und Göthe.**

Wie Göthe selbst gesteht, wurde sein schwieriges und umfangreiches Unternehmen im Gebiete der Farbenerscheinungen durch die lebhafte und aufmunternde Theilnahme Schiller's sehr gefördert. Er äussert sich über den Antheil, den Schiller an seinen wissenschaftlichen Forschungen nahm, in dem Abschnitte: Confession des Verfassers, (Geschichte der Farbenlehre p. 459) folgendermassen:
„Durch die grosse Natürlichkeit seines Genies ergriff er

---

\*) Das Citat ist in englischer Sprache im zweiten Anhange abgedruckt. S. Knebel's Brief vom 24. October 1815 (Nr. 468).

nicht nur schnell die Hauptpunkte, worauf es ankam; sondern wenn ich manchmal auf meinem beschaulichen Wege zögerte, nöthigte er mich durch seine reflectirende Kraft vorwärts zu eilen, und riss mich gleichsam an das Ziel, wohin ich strebte."

Schiller a. G. Jena, den 29. Novbr. 1795 (Brief 124).

„Ihr Unwille über die Stollberge, Lichtenberge und Consorten hat sich auch mir mitgetheilt, und ich bin's herzlich zufrieden, wenn Sie ihnen eins anhängen wollen. Indess das ist die *Histoire du jour*. Es war nie anders und wird nie anders werden. Sein Sie versichert, wenn Sie einen Roman, eine Comödie geschrieben haben, so müssen Sie ewig einen Roman, eine Comödie schreiben. Weiter wird von Ihnen nichts erwartet, nichts anerkannt, und hätte der berühmte Herr Newton mit einer Comödie debütirt, so würde man ihm nicht nur seine Optik, sondern seine Astronomie selbst lange verkümmert haben. Hätten Sie den Spass sich gemacht, Ihre optischen Entdeckungen unter dem Namen unseres Professor Voigts, oder eines ähnlichen Cathederhelden in die Welt zu bringen, Sie würden Wunder daran erlebt haben. Es liegt gewiss weniger an der Neuerung selbst, als an der Person, von der sie herrührt, dass diese Philister sich so dagegen verhärten."

Göthe a. S. 1795. (127.)

„Ich denke gegen Recensenten, Journalisten, Magazinsammler und Compendienschreiber sehr frank zu Werk zu gehen und mich darüber, in einer Vor- oder Nachrede, gegen das Publikum unbefangen zu erklären und besonders in diesem Falle keinem seine Renitenz und Reticenz passiren lassen.

„Was sagen Sie z. B. dazu, dass Lichtenberg, mit dem ich in Briefwechsel über die bekannten optischen Dinge, und übrigens in einem ganz leidlichen Verhältnisse stehe, in seiner neuen Ausgabe von Erxlebens Compendio, meiner Versuche auch nicht einmal erwähnt, da man doch gerade nur um des neuesten willen ein Compendium wieder auflegt und die Herren in ihre durchschossenen Bücher sich sonst alles geschwind genug zu notiren pflegen. Wie viel Arten gibt es nicht so eine Schrift auch nur im Vorbeigehen abzufertigen, aber auf keine derselben konnte sich der witzige Kopf in diesem Augenblick besinnen."

Göthe a. S. 23. December 1795. (135.)

„Des P. Castels Schrift *Optique des Couleurs* 1740 habe ich in diesen Tagen erhalten; der lebhafte Franzos macht mich recht glücklich. Ich kann künftig ganze Stellen daraus drucken lassen, und der Heerde zeigen, dass das wahre Verhältniss der Sache schon 1739 in Frankreich öffentlich bekannt gewesen, aber auch damals unterdrückt worden ist."

Göthe a. S. Weimar, den 14. Decbr. 1796. (258.)

„Nur zwei Worte für heute, da meine Optica mir den ganzen Morgen weggenommen haben. Mein Vortrag reinigt sich immer mehr und das Ganze simplificirt sich unglaublich, wie es natürlich ist, da eigentlich Elementarerscheinungen abgehandelt werden."

Göthe a. S. Weimar, den 17. Decbr. 1796. (260.)

„Die Optica gehen vorwärts, ob ich sie gleich jetzt mehr als Geschäft, denn als Liebhaberei treibe; doch sind die Acten dergestalt instruirt, dass es nicht schwer wird, daraus zu referiren. Knebel nimmt Antheil daran, welches mir von grossem Vortheil ist, damit ich nicht allein mir selbst, sondern auch andern schreibe. Uebrigens ist und bleibt es vorzüglich eine Uebung des Geistes, eine Beruhigung der Leidenschaften und ein Ersatz für die Leidenschaften, wie uns Frau von Staël umständlich dargethan hat."

Schiller a. G. (261.)

„Mich freut übrigens zu hören, dass Sie die Optica ernstlich vorgenommen; denn mir däucht, man kann diesen

Triumph über die Widersacher nicht frühe genug beschleunigen. Für mich selbst ist es mir angenehm, durch Ihre Ausführung in dieser Materie klar zu werden."

Göthe a. S. Weimar, den 21. Decbr. 1796. (263.)
„Sie werden Knebeln bei sich sehen, und ihn ganz munter finden; er hilft mir, auf eine sehr freundschaftliche Weise, gegenwärtig an meinem optischen Wesen fort. Ich zeichne jetzt die Tafeln dazu, und sehe daran, da sich alles verengt, eine mehrere Reife. Einen flüchtigen Entwurf zur Vorrede habe ich gemacht; ich communicire ihn nächstens, um zu hören, ob die Art, wie ich's genommen habe, Ihren Beifall hat."

Schiller a. G. 25. December 1796. (264.)
„Knebel war bei mir und hat mir auch die Schottländer gebracht, die ganz gute Leute scheinen. Knebel erzählte mir auch viel von den optischen Unterhaltungen mit Ihnen; es freut mich, dass Ihre Mittheilung gegen ihn die Sache mehr in Bewegung brachte. Seine Idee, dass Sie das Ganze in einige Hauptmassen ordnen möchten, scheint mir nicht übel; man würde so schneller zu bestimmten Resultaten geführt, da man bei einer künstlichen Technik des Werks die Befriedigung erst am Ende findet. Auf Ihre Vorrede bin ich jetzt sehr begierig und hoffe sie noch vor Ihrer Abreise zu erhalten."

Göthe a. S. Weimar, den 10. Januar 1798. (409.)
„Die letzten Tage waren wirklich von der Art, dass es mir wohl that, so wenig als möglich von dem Dasein des Himmels und der Erde Notiz zu nehmen, wie ich mich denn auch meistens in meiner Stube gehalten habe. Indessen habe ich in diesen farb- und freudlosen Stunden die Farbenlehre wieder vorgenommen, und, um das was ich bisher gethan, recht zu übersehen, in meinen Papieren Ordnung gemacht. Ich hatte nämlich von Anfang an Acten geführt, und dadurch sowohl meine Irrthümer als meine

richtigen Schritte, besonders aber alle Versuche, Erfahrungen und Einfälle conservirt; nun habe ich diese Volumina auseinander getrennt, Papiersäcke machen lassen, diese nach einem gewissen Schema rubricirt und alles hineingesteckt, wodurch ich denn meinen Vorrath zu einem jeden Capitel desto besser übersehen kann — wobei ich alle unnütze Papiere zerstören kann — indem ich das Nützliche absondere und zugleich das Ganze recapitulire. Jetzt hinterdrein sehe ich erst, wie toll die Unternehmung war, und werde mich wohl hüten, mich jemals wieder in etwas Aehnliches einzulassen. Denn selbst jetzt, da ich mich so weit durchgearbeitet habe, bedarf es noch einer grossen Arbeit, bis ich mein Material zu einer reinen Darstellung bringe. Indessen habe ich dabei sehr an Ausbildung gewonnen, denn ohne diese seltsame Theilnahme wäre es meiner Natur kaum vergönnt gewesen, einen Blick in diese Fächer zu thun. Ich lege einen kleinen Aufsatz bei, der ungefähr vier bis fünf Jahre alt sein kann; es wird Sie gewiss unterhalten zu sehen, wie ich die Dinge damals nahm."

Schiller a. G. Jena, den 12. Januar 1798. (410.)

„Ihr Aufsatz enthält eine treffliche Vorstellung und zugleich Rechenschaft Ihres naturhistorischen Verfahrens, und berührt die höchsten Angelegenheiten und Erfordernisse aller rationellen Empirie, indem er nur einem einzelnen Geschäfte die Regel zu geben sucht. Ich werde ihn noch sorgfältig durchlesen und überdenken und Ihnen dann meine Bemerkungen mittheilen. Das ist mir z. B. sehr einleuchtend, wie gefährlich es ist, einen theoretischen Satz unmittelbar durch Versuche beweisen zu wollen. Es stimmt diess, wie mir däucht, mit einer anderen philosophischen Warnung überein, dass man seine Sätze nicht durch Beispiele beweisen solle, weil kein Satz dem Beispiel gleich ist. Die entgegengesetzte Methode verkennt den essentiellen Unterschied zwischen der Naturwelt und der Verstandeswelt ganz, ja sie hebt die ganze Natur auf, indem sie blos diese Vorstellung uns in den Dingen und nie umgekehrt finden lässt. Ueberhaupt kann eine Erscheinung, oder Factum, die etwas durchgängig vielfach Bestimmtes ist, nie einer Regel, die bloss bestimmend ist, adäquat sein. Ich wollte wünschen, es gefiele Ihnen, den Hauptinhalt dieses Aufsatzes auch für sich selbst und unabhängig von den Untersuchungen und Erfahrungen, denen er zur Einleitung dient, auszuführen. Sie würden auf eine strengere und reinere Scheidung des praktischen Verfahrens und des theoretischen Gebrauches bedeutende Fingerzeige geben; man würde dahin gebracht werden, sich zu überzeugen, dass nur dadurch die Wissenschaft erweitert werden kann, dass man auf der einen Seite dem Phänomen ohne allen Anspruch auf eine hervorzubringende Einheit folgt, es von allen Seiten umgehet und bloss die Natur in ihrer Breite aufzufassen sucht, auf der anderen Seite (und wenn jene erste nur in Sicherheit gebracht ist) die Freiheit der vorstellenden Kräfte begünstiget, das Combinationsvermögen sich nach Lust daran versuchen lässt, mit dem Vorbehalt, dass die vorstellende Kraft auch nur in ihrer eigenen Welt und nie in dem Factum etwas zu construiren suche. Denn mir däucht, es ist bisher auf zwei entgegengesetzte Arten in der Naturwissenschaft gefehlt worden; einmal hat man die Natur durch die Theorie verengt, und ein andermal die Denkkräfte durch das Object zu sehr einschränken wollen. Beiden muss Gerechtigkeit geschehen, wenn eine rationale Empirie möglich sein soll, und beiden kann Gerechtigkeit geschehen, wenn eine strenge kritische Polizei ihre Felder trennt. Sobald man die Freiheit der theoretischen Vermögen begünstigt, so kann es nicht fehlen, und die Erfahrung lehrt es, dass die Mannigfaltigkeiten der Vorstellungsarten, wodurch sie sich wechselsweise einschränken und öfters aufheben, den Schaden gut macht, den der Despotism einer einzigen stiftet, und so wird man selbst auf dem theoretischen Wege zu dem Objecte zurückgenöthigt."

Göthe a. S. Weimar, den 13. Januar 1798. (411.) „Ich habe diese Tage, beim Zertrennen und Ordnen meiner Papiere, mit Zufriedenheit gesehen, wie ich durch treues Vorschreiten und bescheidnes Aufmerken von einem steifen Realism und einer stockenden Objectivität dahin gekommen bin, dass ich Ihren heutigen Brief als mein eigenes Glaubensbekenntniss unterschreiben kann. Ich will sehen, ob ich durch meine Arbeit diese meine Ueberzeugung praktisch darstellen kann. Indem ich diese Woche verschiedene physische Schriften wieder ansah, ist es mir recht aufgefallen, wie die meisten Forscher die Naturphänomene als eine Gelegenheit brauchen die Kräfte ihres Individuums anzuwenden und ihr Handwerk zu üben. Es geht über alle Begriffe, wie zur Unzeit Newton den Geometer in seiner Optik macht; es ist nicht besser als wenn man die Erscheinungen in Musik setzen oder in Verse bringen wollte, weil man Kapellmeister oder Dichter ist. Der Mechaniker lässt das Licht aus Kugeln bestehen, die sich einander stossen und treiben; wie sie nun mehr oder weniger schief abprallen, so müssen die verschiedenen Farben entstehen; beim Chemiker soll's der Wärmestoff und besonders in der neueren Zeit das Oxygen gethan haben. Ein stiller und besonders bescheidener Mann wie Klügel zweifelt und lässt es dahin gestellt sein; Lichtenberg macht Spässe und neckt die Vorstellungsarten der andern; Wünsch bringt eine Hypothese vor, die toller ist als ein Capitel aus der Apokalypse, verschwendet Thätigkeit, Geschicklichkeit im Experimentiren, Scharfsinn im Combiniren an dem absurdesten Einfall in der Welt; Gren wiederholt das Alte, wie einer der ein symbolisches Glaubensbekenntniss abbetet, und versichert, es sei das rechte: genug, es ist mehr oder weniger jedem darum zu thun, seinen individuellen Zustand mit der Sache zu verbinden und sich wo möglich dabei seine Convenienz zu machen. Wir wollen nun sehen, wie wir uns vor diesen Gefahren in Acht nehmen; helfen Sie mir mit aufmerken."

Göthe a. S. Weimar, den 17. Januar 1798. (413.)
„Sie erhalten hierbei einen kleinen Aufsatz über einige Punkte, die ich in diesen Tagen noch lieber mündlich mit Ihnen abgehandelt hätte. Ich denke, wenn wir die Sache noch einigemal recht angreifen, so muss sie sich geben. Ich habe gestern das Capitel von der Elektricität in Gren's Naturlehre gelesen; es ist so vernünftig geschrieben als unvernünftig das von den Farben; allein wie fand er es auch durchgearbeitet und vorbereitet.

„So viel ich jetzt übersehen kann, wird die Farbenlehre, wenn man sie recht angreift, in Absicht auf ihren Vortrag einen Vorzug vor der elektrischen und magnetischen haben, weil wir bei ihr mit keinen Zeichen, sondern mit den Verhältnissen sichtbarer Naturverschiedenheiten zu thun haben."

Schiller a. G. Jena, den 19. Januar 1798. (413?)
„Es wird Ihnen interessant und belehrend sein, wenn Sie Ihre Gedanken, die in jenem ältern und in Ihrem neuesten Aufsatz aufgestellt sind, nach den Kategorien durchgehen. Ihr Urtheil wird ganz bestätigt werden und es wird Ihnen zugleich ein neues Vertrauen zu dem regulativen Gebrauch der Philosophie in Erfahrungssachen erwachsen. Ich will mich hier nur bei einigen Anwendungen aufhalten, und zwar gleich in Beziehung auf Ihren neuesten Aufsatz.

„Die Vorstellung der Erfahrung unter den dreierlei Phänomenen ist vollkommen erschöpfend, wenn Sie sie nach den Kategorien prüfen."

Diese werden von Schiller hier ausführlich besprochen.

Göthe a. S. Weimar, den 20. Januar 1798. (414.)
„Für die Prüfung meiner Aufsätze nach den Kategorien danke ich zum schönsten; ich werde sie bei meiner Arbeit immer vor Augen haben. Ich finde selbst an der Stimmung, womit ich diese Gegenstände bearbeite, dass ich bald zur edeln Freiheit des Denkens darüber gelangen

werde. Ich schematisire unablässig, gehe meine Collectaneen durch, und suche aus dem Wust von Unnöthigem und Falschem die Phänomene in ihrer sichersten Bestimmung und die reinen Resultate heraus. Wie froh will ich sein, wenn der ganze Wust verbrannt ist und das Brauchbare davon auf wenig Blättern steht. Die Arbeit war unsäglich, die doch nun schon acht Jahre dauert, da ich kein Organ zur Behandlung der Sache mitbrachte, sondern mir es immer in und zu der Erfahrung bilden musste. Da wir nun einmal so weit sind, so wollen wir uns die letzte Arbeit nicht verdriessen lassen; stehen Sie mir von der theoretischen Seite bei und so wird es gewiss geschwinder gehen.

„Ich lege einen flüchtigen Entwurf zur Geschichte der Farbenlehre bei. Sie werden dabei auch schöne Bemerkungen über den Gang des menschlichen Geistes machen können; er dreht sich in einem gewissen Kreise herum, bis er ihn ausgelaufen hat. Die ganze Geschichte, wie Sie sehen werden, dreht sich um die gemeine, das Phänomen blos aussprechende Empirie, und um den nach Ursachen haschenden Rationalism herum, wenig Versuche zu einer reinen Zusammenstellung der Phänomene finden sich. Also schreibt uns die Geschichte auch schon selbst vor, was wir zu thun haben. Es wird sich bei der Ausführung etwas recht Interessantes machen lassen. Stehen Sie mir bei weiterem Fortschreiten bei."

Schiller a. G. Jena, den 23. Januar 1798. (415.)
„Das kleine Schema zu einer Geschichte der Optik enthält viele bedeutende Grundzüge einer allgemeinen Geschichte der Wissenschaft und des menschlichen Denkens, und wenn Sie sie ausführen sollten, so müssten sich viele philosophische Bemerkungen machen lassen. Der deutsche Geist würde aber nicht zu seinem Vortheil dabei erscheinen, wenn nicht die Entwicklung anticipirt wird. Es ist doch eigen, dass sich die Lebhaftigkeit der Franzosen so bald einschüchtern und ermüden liess. Man möchte sagen,

dass es doch mehr die Passion als Liebe zur Sache war, was den Widerspruch der Franzosen nährte; sonst würden sie der Autorität nicht nachgegeben haben. Den Deutschen hält die Autorität und ein dogmatischer Irrthum lange nieder, aber endlich pflegt doch bei ihm seine natürliche Objectivität und sein Ernst an der Sache zu siegen, und gewöhnlich ist er es doch, der für die Wissenschaft erntet.

„Es ist gar keine Frage, dass Sie das Mögliche für Ihr Geschäft thun und eine so weit schon geführte Sache zu einem gewünschten Ende bringen müssen, denn dass Sie endlich durchdringen werden, ist mir keinen Augenblick zweifelhaft. Ich glaube aber, Sie thun wohl, wenn Sie jetzt, nachdem Sie vergebens auf einen Begleiter und Mitforscher gewartet haben, sich auch nach keinem mehr umsehen, und Ihr Geschäft still für sich selbst vollenden, um alsdann mit dem Fertigen, so weit es auf Ihrem Wege sich bringen lässt, auf einmal hervorzutreten. Das erst Entstehende imponirt, scheint es, den Deutschen nicht, es reizt sie vielmehr und macht eigensinnig, wenn man ihre Dogmata bloss erschüttert, ohne sie ganz und gar umzureissen. Ein völlig fertiges Ganzes, und ein methodisch ernstlicher Angriff hingegen überwältigt den Eigensinn und bringt die natürliche und angeborne Sachliebe des Deutschen auf die Seite des Gegners. So denke ich mir die Sache, und wenn Sie in drei, vier Jahren ihre ausführliche und methodische Darlegung vor das Publikum bringen, so wird man gewiss Folgen davon sehen. Unterdessen verläuft sich auch in etwas diese chemische Sündfluth und ein neues Interesse gewinnt Platz."

Göthe a. S. Weimar, den 24. Januar 1798. (416.)

„Schon heute könnte ich ein besseres Schema der künftigen Geschichte der Farbenlehre überschicken und es soll von Zeit zu Zeit noch besser werden. Wenn man die Reihe von geistigen Begebenheiten, woraus doch eigentlich die Geschichte der Wissenschaften besteht, so vor Augen sieht, so lacht man nicht mehr über den Einfall, eine Geschichte *a priori* zu schreiben: denn es entwickelt sich wirklich alles aus den vor- und rückschreitenden Eigenschaften des menschlichen Geistes, aus der strebenden und sich selbst wieder retardirenden Natur.

„Eines einzelnen Umstandes, muss ich erwähnen. Sie erinnern sich des Versuches mit einem gläsernen Cubus, wodurch ich so deutlich zeigte, dass die senkrechten Strahlen eben so gut verändert und das Bild aus dem Grund in die Höhe gehoben wird. Snellius, der die erste Entdeckung des Gesetzes der Brechung machte, erinnerte schon eben das; allein Huygens, der jene Entdeckung bekannt machte, geht gleich über das Phänomen hinaus, weil er es bei seiner mathematischen, übrigens ganz richtigen Behandlung der Sache nicht brauchen kann, und seit der Zeit will niemand nichts davon wissen. Der perpendiculare Strahl wird freilich nicht gebrochen und die Berechnung kann nicht angestellt werden wie bei den gebrochenen Strahlen, weil man keine Vergleichung der Winkel und ihrer Sinus anstellen kann; aber ein Phänomen, das nicht berechnet werden kann, bleibt desswegen doch ein Phänomen; und sonderbar ist es, dass man in diesem Falle grade das Grundphänomen (denn dafür halte ich's), woraus alle die übrigen sich herleiten, bei Seite bringt.

„Erst seit ich mir fest vorgenommen habe, ausser Ihnen und Meyern mit niemanden mehr über die Sache zu conferiren, seit der Zeit habe ich erst Freude und Muth; denn die so oft vereitelte Hoffnung von Theilnahme und Mitarbeit anderer setzt einen immer um einige Zeit zurück. Nun kann ich, wie es Zeit, Umstände und Neigung erlauben, immer sachte fortarbeiten."

Göthe a. S. Weimar, den 3. Februar 1798. (422.)

„Ich brauche die Stunden, die mir übrig bleiben, theils zum reineren Schematisiren meines künftigen Aufsatzes über die Farbenlehre, theils zum Verengen und Simplificiren meiner frühern Arbeiten, theils zum Studiren der Literatur, weil ich zur Geschichte derselben sehr grosse

Lust fühle und überhaupt hoffen kann, wenn ich noch die gehörige Zeit und Mühe daran wende, etwas Gutes, ja sogar durch die Klarheit der Behandlung etwas Angenehmes zu liefern. Sie haben in einem Ihrer letzten Briefe vollkommen recht gesagt; dass ich jetzt erst auf dem rechten Flecke stehe, da ich auf alle äussere Theilnehmung und Mitwirkung Verzicht gethan habe. In einem solchen Falle verdient nur eine vollendete Arbeit, die so viele andere Menschen aller Mühe überhebt, erst den Dank des Publikums, und erhält ihn auch gewiss, wenn sie gelingt."

Göthe a. S. Weimar, den 10. Februar 1798. (427.)

„Nach einer Redoute, welche meine Facultäten schlimmer von einander getrennt hat als die Philosophie nur immer thun kann, war mir Ihr lieber Brief sehr erfreulich und erquicklich. Mir war die Schlossersche Schrift nur die Aeusserung einer Natur, mit der ich mich schon seit dreissig Jahren im Gegensatz befinde, und da ich eben in einem wissenschaftlichen Fache in dem Falle bin, über beschränkte Vorstellungsarten, Starrsinn, Selbstbetrug und Unredlichkeit zu denken, so war mir diese Schrift ein merkwürdiger Beleg. Die Newtonianer sind in der Farbenlehre offenbar in demselbigen Falle, ja der Pater Castel gibt geradezu Newton selbst Unredlichkeit schuld, und gewiss geht die Art, wie er aus seinen *Monumentis opticis* die Optik zusammenschrieb, in diesem Sinne über alle Begriffe. Er hat offenbar die schwache Seite seines Systemes eingesehen. Dort trug er seine Versuche vor wie einer der von seiner Sache überzeugt ist und in der Ueberzeugung mit der grössten Confidenz Blössen gibt; hier stellt er das Scheinbarste voraus, erzwingt die Hypothese und verschweigt, oder berührt nur ganz leise, was ihm zuwider ist.

„Was uns im Theoretischen so auffallend ist, sehen wir im Praktischen alle Tage. Wie sehr der Mensch genöthigt ist, um sein einzelnes, einseitiges, ohnmächtiges

Wesen nur zu Etwas zu machen, gegen Verhältnisse die ihm widersprechen, die Augen zuzuschliessen und sich mit der grössten Energie zu sträuben, glaubt man seiner eigenen Anschauung nicht, und doch liegt auch hiervon der Grund in dem Tiefern, Bessern der menschlichen Natur, da er praktisch immer constitutiv sein muss, und sich eigentlich um das, was geschehen konnte, nicht zu bekümmern hat, sondern um das, was geschehen sollte. Nun ist aber das letzte immer eine Idee, und er ist concret im concreten Zustande; nun geht es im ewigen Selbstbetrügen fort, um dem Concreten die Ehre der Idee zu verschaffen u. s. w., einen Punkt, den ich schon in einem vorigen Briefe berührte und der einen im Praktischen oft selbst überrascht und uns an andern ganz zur Verzweiflung bringt."

Schiller a. G. Jena, den 16. Februar 1798. (430.)

(Dieser Brief enthält eine weitere Besprechung über die Absicht Göthe's, die Vorstellung der Erfahrung unter dreierlei Phänomene zu bringen. Zum Schlusse fügt Schiller folgendes hinzu:)

„Sollte es nicht vielleicht zu fruchtbaren Ansichten führen, wenn die Farbe in dreifacher Beziehung betrachtet würde:
1. In Beziehung auf das Licht und die Finsterniss.
2. In Beziehung auf das Auge.
3. In Beziehung auf die Körper, an denen sie erscheint.

„Ihre Eintheilung der Farben hat mir jetzt noch etwas nicht völlig Bestimmtes, daher ich nicht gewiss weiss, ob ich bei dem, was Sie z. B. physische Farbe nennen, gerade das rechte denke. So wie es jetzt dasteht, denke ich mir darunter prismatische Farben. Unter chemischen Farben verstehe ich Pigmente."

Göthe a. S. 1798. (431.)

„So sehr ich die Unvollkommenheit jenes ersten Versuches fühlte und fühle, so ein grosses Vertrauen habe ich doch auf eine bessere Ausführung, bei der Sie mir gewiss, wenn wir nur erst wieder zusammen kommen, auf's nachdrücklichste beistehen werden.

„Der Hauptfehler jener Arbeit, den Sie auch mit Recht bemerken, ist, dass ich nicht immer bei dem nämlichen Subject geblieben bin, und dass ich bald Licht bald Farbe, bald das allgemeinste, bald das besonderste genommen habe.

„Das hat aber gar nichts zu sagen. — Wenn man statt einer Tabelle drei macht, und sie ein halbdutzend mal umschreibt, so müssen sie schon ein ander Ansehen gewinnen.

„Ich glaube zwar selbst, dass die empirische Masse von Phänomenen, die, wenn man sie recht absondert und nicht muthwillig verschmilzt, eine sehr grosse Zahl ausmachen und eine ungeheure Breite einnehmen, sich zu einer Vernunfteinheit schwerlich bequemen werden, aber auch nur die Methode des Vortrags zu verbessern, ist jede Bestrebung der Mühe werth.

„Auch ist meine Eintheilung diejenige, die Sie verlangen:

1) In Beziehung auf's Auge physiologische;

2) in Beziehung auf Licht und Finsterniss physische, welche alle ohne Mässigung und Gränze nicht bestehen und von denen die prismatischen nur eine Unterabtheilung sind.

3) Chemische, die uns an Körpern erscheinen.

„Wenn man diese Eintheilung auch nicht weiter als zum Vortrage geben will, so kann sie doch nicht entbehrt werden, und bis jetzt weiss ich keine andere zu machen.

„Was mich aber eigentlich zu jenem Schema nach den Kategorien geführt hat, ja was mich genöthigt, auf dessen Ausführung zu bestehen, ist die Geschichte der Farbenlehre.

„Sie theilt sich in zwei Theile, in die Geschichte der Erfahrungen und in die Geschichte der Meinungen, und diese letztere müssen doch alle unter den Kategorien stehen. Eine Sonderung ist daher höchst nöthig, vorzüglich weil man sonst nicht durch die neueren Aristoteliker durchkommt, welche die ganze Naturwissenschaft und besonders auch dieses Capitel in's metaphysische, oder vielmehr in's dialectische Fach spielten.

„Dabei, scheint mir's, haben sie wirklich die möglichen Vorstellungsarten erschöpft, und es wäre interessant, sie in einer reinen Ordnung neben einander zu sehen; denn weil die Natur von so unerschöpflicher und unergründlicher Art ist, dass man alle Gegensätze und Widersprüche von ihr prädiciren kann, ohne dass sie sich im mindesten dadurch rühren lässt, so haben die Forscher von jeher sich dieser Erlaubniss redlich bedient, und auf eine so scharfsinnige Art die Meinungen gegen einander gestellt, dass die grösste Verwirrung daraus entstand, welche nur durch eine allgemeine Uebersicht des Prädikabeln zu heben ist.

„Ich bin überzeugt und es wird sich in der Folge darthun lassen, dass das Newtonische System nach und nach sich so viele Bekenner erwarb, weil ein Emanations- oder Emissionssystem, wie man's nennen will, doch immer nur eine Art von mystischer Eselsbrücke ist, die den Vortheil hat, aus dem Lande der unruhigen Dialectik in das Land des Glaubens und der Träume hinüber zu führen.

„Das erste *meo voto* sollte also sein: die Lehre vom Licht und von den Farben im allgemeinsten, jede besonders, nach den Kategorien aufzustellen, wobei man sich alles empirisch Einzelnen enthalten müsste.

„Das empirisch Einzelne ist nun schon nach den drei Eintheilungen, die mit Ihren geforderten übereinstimmen, aufgestellt. Nächstens erhalten Sie wohl das Schema über das Ganze, Sie werden sich über die ungeheure Masse verwundern, wenn Sie solche nur erst im Detail sehen.

„Alles rückt in übersehbare Ordnung zusammen, und ich werde mich hüten, irgend einen Theil auszuarbeiten, bis ich an meinem Schema nichts mehr zu bessern weiss; dann ist aber auch die Arbeit so gut als gethan. Ich bitte Sie um gefälligen Beistand, durch Einstimmung und Opposition; die letzte ist mir immer nöthig, niemals aber mehr als wenn ich das Feld der Philosophie übergehe, weil ich mich darin immer mit Tasten behelfen muss.

„Ich habe diese Woche ein Dutzend Autoren, die in meinem Fache geschrieben haben, nur flüchtig durchgesehen, um für die Geschichte einige Hauptmomente zu finden, und fühle ein Zutrauen, dass sich aus denselben etwas artig Lesbares wird machen lassen, weil das Besondere angenehm, und das Allgemeine menschlich weitgreifend ist."

Schiller a. G. Jena, den 20. Februar 1798. (433.)
„Die Anwendung der Kategorien auf Ihren aufgehäuften Stoff kann für Sie nicht anders als fruchtbar sein. Indem es zugleich eine treffliche Recapitulation ist, thut Ihnen dieses Geschäft die Dienste eines Freundes von entgegengesetzter Natur. Es zwingt Sie, wie ich mir's vorstelle, zu strengen Bestimmungen, Grenzscheidungen, ja harten Oppositionen, wozu Sie von sich selbst nicht so geneigt sind, weil Sie der Natur Gewalt anzuthun fürchten; und weil diese Härte und Strenge, so gefährlich sie auch im Einzelnen aussieht, durch die Totalität des Geschäfts selbst immer wieder gut gemacht wird, so werden Sie, durch diese Operation, immer wieder hefriedigend zu ihrer eigenen Vorstellungsweise zurückgeführt. Diesen Dienst leistet Ihnen vorzugsweise der Begriff der Wechselwirkung und der Limitation; Sie werden aber auch bei dem der Allheit und der Nothwendigkeit das Nämliche erfahren. Da Sie bei dem Werke selbst polemisch zu sein nicht vermeiden können, so gibt Ihnen die Kategorienprobe einen entschiedenen Vortheil, und wie sehr sie Ihnen zur Uebersicht des historischen Theiles dient, begreife ich sehr gut.

„Auf das Schema selbst bin ich mehr als jemals begierig, und wenn Sie kommen, so wollen wir uns mit rechter Lust und Ernst darüber verbreiten; ich finde es unabhängig von der Sache selbst, die mich so sehr interessirt, zu approfondiren, sehr interessant Ihnen die Stelle eines guten Lesers zu vertreten und zu versuchen, wie sich die doppelte Rücksicht auf den Gegenstand und auf das subjective Bedürfniss des Lesers in einer und derselben Wendung vereinigen lässt."

Göthe a. S. Weimar, den 21. Februar 1798. (434.)

„Sonst habe ich noch manches durchgedacht, um die Anforderungen an die rationelle Empirie, nach Ihrer Ausführung, die Sie mir vor einigen Wochen zuschickten, noch recht nach meiner Art durchzuarbeiten. Ich muss damit auf's Reine kommen, eh' ich wieder an den Baco gehe, zu dem ich abermals ein grosses Zutrauen gewonnen habe. Ich lasse mich auf diesem Wege nichts verdriessen und ich sehe schon voraus, dass wenn ich mein Farbencapitel gut durchgearbeitet haben werde, ich in manchem Andern mit grosser Leichtigkeit vorschreiten kann. Nächstens mehr und ich hoffe bald mündlich."

Göthe a. S. Weimar, den 25. Februar 1798. (438.)

„Ich erinnere mich kaum, was ich heute früh über den rationellen Empirism schrieb, mir scheint es aber, als wenn er auf seinem höchsten Punkte auch nur kritisch werden könnte. Er muss gewisse Vorstellungsarten neben einander stehen lassen, ohne dass er sich untersteht eine auszuschliessen oder eine über das Gebiet der andern auszubreiten. In der ganzen Geschichte der Farbenlehre scheint mir diess der Fehler, dass man die drei Eintheilungen nicht machen wollte und dass man die empirischen Enunciationen, die auf Eine Abtheilung der Erfahrungen passten, auf die andere ausdehnen wollte, da denn zuletzt nichts mehr passte.

„Eben so scheint es mir mit Ideen zu sein, die man aus dem Reiche des Denkens in das Erfahrungsreich hinüber bringt; sie passen auch nur auf Einen Theil der Phänomene, und ich möchte sagen, die Natur ist desswegen unergründlich, weil sie nicht Ein Mensch begreifen kann, obgleich die ganze Menschheit sie wohl begreifen könnte. Weil aber die liebe Menschheit niemals beisammen ist, so hat die Natur gut Spiel sich vor unsern Augen zu verstecken."

Schiller a. G. Jena, den 6. März 1798. (443.)
„Bis jetzt habe ich noch keinen klaren Begriff von den Grenzen, die Sie dem Werk setzen werden, unbeschadet seines Anspruchs auf eine gewisse umfassende Vollständigkeit: ein Anspruch, der schon in Ihrer Natur liegt, wenn auch der Gegenstand ihn nicht machte. Ich erwarte daher Ihr Schema darüber mit grosser Begierde. Dieses wird mir denn auch den Ort schon zeigen, wo ich mit meinen Ideen, auf eine mit dem Ganzen übereinstimmende Weise, eintreten kann. Mit Vergnügen werde ich den Antheil daran nehmen, den Sie mir bestimmen, und da es einmal ein gesellschaftlich Werk ist, so kann es recht sein, dass auch der dritte Mann spricht. Selbst der Rigorism, der darin herrschen wird, gewinnt mehr Eingang, wenn eine vielfältigere Ansicht und Einkleidung dabei ist. Immer aber wird das Werk in einer bestimmten Opposition mit dem Zeitalter bleiben; und da an eine gütliche Auskunft nicht zu denken ist, so wäre die Frage, ob man den Krieg nicht lieber decidirt erklären und durch die Schärfe des Gesetzes sowohl als der Justiz das Werk desto pikanter machen sollte. Doch darüber mündlich ein Mehreres, wenn ich erst mehr von dem Plane weiss."

Schiller a. G. Jena, den 30. Novbr. 1798. (547.)
„Besonders wünschte ich, dass uns nicht erst am letzten Tage eingefallen wäre, den chromatischen Cursus anzufangen, denn gerade eine solche reine Sachbeschäftigung gewährte mir eine heilsame Abwechslung und Erholung von meiner jetzigen poetischen Arbeit, und ich würde gesucht haben, mir in Ihrer Abwesenheit auf meine eigene Weise darin fortzuhelfen. So viel bemerkte ich indessen, dass ein Hauptmoment in der Methode sein wird, den rein

factischen so wie den polemischen Theil auf's strengste von dem hypothetischen unterschieden zu halten, dass die Evidenz des Falles und die des Newtonischen Falsums nicht in das Problematische der Erklärung verwickelt werde, und dass es nicht scheine, als wenn jene auch so wie diese einen gewissen Glauben postulire. Es liegt zwar schon in Ihrer Natur, die Sache und die Vorstellung wohl zu trennen, aber dem ungeachtet ist es kaum zu vermeiden, dass man eine gangbar gewordene Vorstellungsweise nicht zuweilen den Dingen selbst unterschiebt, und aus einem blossen Instrument für das Denken eine Realursache zu machen geneigt ist.

„Ihre lange Arbeit mit den Farben, und der Ernst, den Sie darauf verwendet, muss mit einem nicht gemeinen Erfolg belohnt werden. Sie müssen, da Sie es können, ein Muster aufstellen, wie man physikalische Forschungen behandeln soll, und das Werk muss durch seine Behandlung eben so belehrend sein, als durch seine Ausbeute für die Wissenschaft.

„Wenn man überlegt, dass das Schicksal dichterischer Werke an das Schicksal der Sprache gebunden ist, die schwerlich auf dem jetzigen Punkte stehen bleibt, so ist ein unsterblicher Name in der Wissenschaft etwas sehr Wünschenswürdiges."

Göthe a. S. Weimar, den 1. December 1798. (548.)

„Die Behandlungsart, die Sie den chromatischen Arbeiten vorschreiben, bleibt freilich mein höchster Wunsch, doch fürchte ich fast, dass sie wie jede andere Idee unerreichbar sein wird; das Mögliche wird durch Ihre Theilnahme hervorgebracht werden. Jedermann hält die Absonderung der Hypothese vom Facto sehr schwer, sie ist aber noch schwerer als man gewöhnlich denkt, weil jeder Vortrag selbst, jede Methode schon hypothetisch ist.

„Da Sie als ein Dritter nunmehr nach und nach meinen Vortrag anhören, so werden Sie das Hypothetische vom Factischen besser trennen, als ich es nun für die Zukunft je vermag, weil sich gewisse Vorstellungsarten doch bei mir festgesetzt, und gleichsam factisirt haben. Ferner ist Ihnen das interessant, woran ich mich schon matt und müde gedacht habe, und Sie finden die Hauptpunkte, worauf das meiste ankommt, eher heraus."

Schiller a. G. Weimar, den 23. Decbr. 1800. (768.)
"Ich habe Mellish gestern gesprochen, und das lebhafte Interesse, das er jetzt schon an Ihrer Optik nimmt, nach allen Kräften zu unterhalten gesucht. Wenn ich hinüber kommen sollte, so würde ich auf eine Zusammenkunft mit ihm antragen und Sie bitten, ihm noch einige entscheidende Aufschlüsse und weitere Anweisung zu geben. Er hat einen grossen Begriff von der ganzen Sache, und sie scheint ihm so sehr bedeutend, dass eben sein Erstaunen ihm noch einen Zweifel erweckt. Wenn Sie ihn also von der Unhaltbarkeit der Newtonischen Lehre durch den Augenschein überführen, so wird ihm die Sache wichtig genug sein, um alles daran zu wenden."

Göthe a. S. Jena, den 15. Mai 1803. (898.)
"Ich hoffe in diesen acht Tagen einen tüchtigen Ruck in der Ausarbeitung der Farbenlehre zu thun und denke das Wesen einmal derb anzugreifen; jetzt liegt es mir wie eine unabtragbare Schuld auf."

Göthe a. S. Jena, den 24. Mai 1803. (901.)
"Mit ein paar Worten muss ich Ihnen nur sagen: dass es mir diessmal, bis auf einen gewissen Grad, mit der Farbenlehre zu gelingen scheint. Ich stehe hoch genug, um mein vergangenes Wesen und Treiben, historisch, als das Schicksal eines Dritten anzusehen. Die naive Unfähigkeit, Ungeschicklichkeit, die passionirte Heftigkeit, das Zutrauen, der Glaube, die Mühe, der Fleiss, das Schleppen und Schleifen und dann wieder der Sturm und Drang, das alles macht in den Papieren und Acten eine recht interessante Ansicht; aber unbarmherzig excerpire

ich nur und ordne das auf meinem jetzigen Standpunkt Brauchbare, das übrige wird auf der Stelle verbrannt. Man darf die Schlacken nicht schonen, wenn man endlich das Metall heraus haben will.

„Wenn ich das Papier los werde, habe ich alles gewonnen: denn das Hauptübel lag darin, dass ich, ehe ich der Sache gewachsen war, immer wieder einmal schriftlich ansetzte, sie zu behandeln und zu überliefern. Dadurch gewann ich jedesmal. Nun aber liegen von Einem Capitel manchmal drei Aufsätze da, wovon der erste die Erscheinungen und Versuche lebhaft darstellt, der zweite eine bessere Methode hat und besser geschrieben ist, der dritte auf einem höhern Standpunkt beides zu vereinigen sucht und doch den Nagel nicht auf den Kopf trifft. Was ist nun mit diesen Versuchen zu thun? sie auszusaugen gehört Muth und Kraft, und Resolution sie zu verbrennen, denn Schade ist's immer. Wenn ich fertig bin, in sofern ich fertig werden kann, so wünsche ich mir sie gewiss wieder, um mich mir selbst historisch zu vergegenwärtigen, und ich komme nicht zum Ziel, wenn ich sie nicht vertilge."

Schiller a. G. Weimar, den 24. Mai 1803. (902.)
„Ich wünsche Ihnen Glück, dass Sie sich Ihres Stoffs so gut erwehren. Möchten Sie einmal alle diese Schlacken aus Ihrem reinen Sonnenelement heraus schleudern, wenn auch ein Planet daraus werden sollte, der sich dann ewig um Sie herum bewegt."

2) **Aus dem Briefwechsel zwischen Göthe und Knebel.**

Göthe an Knebel. Weimar, den 5. Oct. 1791. (Brief 100.)
„Es verlangt mich recht sehr, was Du zu meinem ersten Stücke der optischen Beiträge sagen wirst? es ist *sehr kurz und wird kaum drei gedruckte Bogen enthalten,* das Publikum muss erst mit diesem Pensum bekannt sein eh' ich weiter spreche. Indessen arbeite ich schon am

zweiten Stücke, weil ich doch einmal in der Materie bin;
es wird auch dazu noch eine Sammlung Tafeln nöthig."

Göthe a. K. Weimar den 8. Oct. 1791. (101.)
"An einem Jesuiten Grimaldi, welcher ohngefähr zu
eben der Zeit mit Newton sich um das Licht und die Farben bekümmerte, habe ich sehr grosse Freude und Trost.
Sein Buch *de Lumine, coloribus et Iride* ist fünf Jahre früher gedruckt, als Newton seine optischen Vorlesungen hielt
und viel früher, als er seine Optik herausgab. Grimaldi
ist ein weit schärferer Beobachter als Newton und ganz,
dünkt mich, auf dem rechten Wege, von dem uns dieser
Kirchenvater abgebracht hat."

Göthe a. K. Weimar, den 12. Octbr. 1791. (102.)
"Du erhältst endlich das erste Stück der Beiträge zur
Optik, das an Bogen nicht stark geworden; möge der Inhalt desto specifisch schwerer sein. Ich bin neugierig wie
man es anfassen wird, denn freilich etwas räthselhaft sieht
es aus; in dem zweiten Stücke denke ich doch eine etwas
weitere Aussicht zu eröffnen. Einige sehr schöne Experimente habe ich wieder gefunden, und die Erscheinungen
scheinen sich immer mehr um einen Punkt zu versammeln."

Göthe a. K. Im Lager bei Hans den 27. Septbr. 1792. (104.)
"Ich bin nach meiner Art im Stillen fleissig und denke
mir manches aus; in *Opticis* habe ich einige schöne Vorschritte gethan."

Knebel a. G. Weimar, den 28. August 1793. (110.)
"Ich danke Dir für die Mittheilung gegenwärtigen Aufsatzes, den ich noch gestern Abend mit Aufmerksamkeit
und grossem Wohlgefallen durchgelesen habe. Besonders hat
es mich erfreut, dass Du nun einen reinen Satz zuletzt selbst
aufgestellt hast, an den man sich halten kann, und der mit
der Erfahrung übereinzustimmen scheint. Ich glaube, wenn
Du so nach und nach Deine eignen Sätze hinstelltest, näm-

lich diejenigen, welche Du noch der Farbenlehre hinzuzufügen glaubst, oder worinnen Deine Beobachtungen und Erfahrungen von den bisherigen verschieden sind, so würde dies das nächste Mittel sein, die Aufmerksamkeit rege zu machen und die Gemüther auf den Punkt zu ziehen, welchen Du für ihr Interesse lebendig machen möchtest. Ich kenne vielleicht das Deutsche Publikum nicht genug, aber ich habe wenig Hoffnung zu einem Beitritt von mehrern. Zudem ist es auch schwer, einzelne Fächer und Theile zu bearbeiten, wo man nicht gewissermassen das Ganze übersieht und sich eigen gemacht hat. Indessen ist Deine Austheilung und Verfächerung (wenn ich so sagen darf) vortrefflich, und sie kann auch in andere Theile der Naturhistorischen Wissenschaften bei grosser Ausdehnung grosse Klarheit und Ordung bringen."

Göthe a. K. Februar 1794. (113.).

„Den Inhalt beikommender Abhandlung habe ich Dir oft, ja *ad nauseam* wiederholt; verzeihe also, wenn ich Dich bitte, nochmals Deine Aufmerksamkeit auf diesen Gegenstand und auf die Methode des Vortrags zu wenden und mir Deine Bemerkungen nur flüchtig zu notiren. Dieser Aufsatz soll Lichtenbergen vorgelegt werden; ich wünschte sehr, dass dieser Mann meiner Unternehmung Freund bliebe, wenn er auch sich von meiner Meinung nicht überreden konnte."

Knebel a. G. Weimar, März 1794. (114.)

„Ich sende Dir mit vielem Dank gegenwärtige (optische) Beobachtungen zurück, die Du mir mitzutheilen die Güte gehabt hast. Die klare, einfache, behutsame Art, mit welcher sie dargestellt sind, überzeugt an und vor sich selbst, wenn man auch die Erscheinungen nicht gesehen hätte, da ich doch die meisten bei Dir schon gesehen habe. Man wünscht freilich immer das Wort zu den so schönen und klaren Räthseln der Natur zu finden, und es tantalisirt den aufmerksamen Sinn nicht wenig, dass es ihm nicht so leicht wird, solches zu errathen. Vielleicht und ohne Zweifel hilfst Du uns in der Zukunft aus, und es scheint mir sehr begreiflich, dass man bei solcher deutlichen wohlverfolgten Vorstellung der Erfahrungen zuletzt von selbst zum Aufschluss gelangen könne, wenn wir nur von der Lichtmaterie einen zugänglichen Begriff hätten!"

Knebel a. G. 1794. (115.)
„Ich muss Dir für Mittheilung Deines Versuches aufs herzlichste danken und kann weiter nichts hinzufügen, als dass er mir von einem Ende zum andern nicht nur völlig genug gethan, sondern mich durch das neue klare Licht seiner Beobachtungen und Folgerungen auf das überzeugendste und vorzüglichste erleuchtet hat. Ich weiss gar nicht, was sich gegen diese Darstellung könnte aufbringen lassen; ob Herr Lichtenberg die fernern Folgerungen daraus wird ziehen wollen, wird von ihm zu erwarten sein. Allerdings aber ist es gut, dass Du einen Mann zum Beistand erwählet hast, der die einmal angenommene Wissenschaft mit allen Kautelen zu vertheidigen weiss. Desto sicherer muss der Strahl der Wahrheit hervordringen."

Knebel a. G. 1794. (116.)
„Ich hätte mir nie von Lichtenberg so viel allgemeine Kenntniss und solchen Ueberblick erwartet.*)

Knebel a. G. December 1796. (146.)
„Dass Du so glücklich in Deinen optischen Aufsätzen fortrückst, freut mich gar sehr. Es interessirt mich doppelt, um der Sache selbst willen, und dann Deinetwillen — *ne quid temere fecisse opineris*. Ich dächte, ohne eigene Hypothese unterzustellen, solltest du doch Newtons Hypothese zu den gemachten Versuchen hinstellen, ob? und wie? der beliebige Leser beide mit einander vereinen kann. Dies würde dienlich sein, um das Unzuverlässige seiner Hypothese auffallender zu machen."

---
*) Ueber Lichtenberg's anfängliche, aber bald erkaltete Theilnahme an Göthe's optischen Versuchen vgl. Göthe's Werke, LIX, 301.

Knebel a. G. December 1796. (147.)

„Ich habe gegenwärtige Bogen *) mit der grössten Aufmerksamkeit gelesen und danke Dir für deren Mittheilung. Da alles noch grösstentheils auf blossen Thatsachen beruht, so kann ich nichts sagen, als dass die Erfahrungen rein, deutlich und bestimmend vorgetragen sind, so dass sie zu lautern und bestimmten Resultaten führen müssen. Ich ahnde freilich die Schwierigkeit des Ganzen, in diesem Verfolg bis zu dem Schlusse einer festen Theorie zu kommen, die, auf diese Weise fortgeführt, und von allen Seiten gegen Eingriffe verwahrt, einzig und vortrefflich sein würde. Ich dächte aber, Du solltest Dir die Sache gleich anfänglich so gar schwer nicht nehmen, sondern sie in gewisse Parthien vertheilen, die eine sichtbare Vorstellung des Ganzen darböten, und so nach und nach, durch Ausfüllung mit mehreren Gliedern, ihr volles Leben und Bestand geben."

Göthe a. K. Weimar, den 12. Januar 1798. (161.)

„In diesen letzten Tagen habe ich die Farbenlehre wieder vorgenommen und will meine vielen Erfahrungen wenigstens so stellen, dass meine Arbeit andern nicht ganz unnütz bleibe. Wenn ich genöthigt wäre, diese Lehre nur zwei halbe Jahre öffentlich zu lesen, so wäre alles gethan; aber die Gelehrsamkeit auf dem Papiere und zum Papiere hat gar zu wenig Reiz für mich. Man glaubt nicht, wie viel Todtes und Tödtendes in den Wissenschaften ist, bis man mit Ernst und Trieb selbst hineinkommt, und durchaus scheint mir die eigentlichen wissenschaftlichen Menschen mehr ein sophistischer als ein wahrheitsliebender Geist zu beleben. Doch es mag jeder sein Handwerk treiben."

Knebel a. G. Nürnberg, den 18. Januar 1798. (162.)

„Dass Du Dich von der Muse des Gesangs wieder zur Muse der Naturgeschichte wendest, ist erfreuend für mich. Beide sind dem Menschen so würdig und so nahe. Auch

---

*) der optischen Aufsätze. Vgl. Schiller's Briefwechsel Nr. 409.

ich verdamme die Papierweisheit, und glaube, dass alles mehr in lebendigen Vortrag übergehen sollte. Wie wenig diese belesenen Menschen durch innere Natur und Charakter vermögen, habe ich in dieser letzten Zeit wahrgenommen. Wie weit mehr Zuversichtliches und Sicheres liegt in diesen roheren Menschen, deren Kruste weniger glänzend und polirt ist. Der Unterschied der Sophistik und Wahrheitsliebe, den Du in Deinem Briefe machst, ist äusserst wahr und bemerkenswerth."

Knebel a. G. Ilmenau, den 6. Juli 1799. (208.)
„Deine Arbeiten stehen mir, neben den Arbeiten der Alten, immer vor dem Sinne. Du hast — beinahe der Einzige unter uns — den wahren Pfad betreten. Dein glückliches Genie leitete Dich und Deine frühe Liebe zur Natur und zu den Künsten. Selbst Deine früheren Schriften sind gleichsam mehr mit dem Pinsel als mit der Feder geschrieben und Du lerntest nachher immer mehr, die strengen Gesetze der Kunst auch auf die Poesie übertragen.

„Aber was soll ich Dir das sagen? Ich wollte, ich könnte es der Welt zeigen und sagen, wie ich es verstehe und fühle. Aber was hülf' auch dies? Sie erkennen einzelne abstrakte Regeln, und schmieren oder krähen nach ihrer Art fort; preisen ein andermal das Mittelmässige und Schlechte wie das Gute und Vortreffliche."

Göthe a. K. Weimar, den 14. März 1806. (254.)
„Möchtest Du mir zu meinen gegenwärtigen chromatischen Studien ein paar Bücher verschaffen, die wahrscheinlich Hofrath Voigt besitzt, so erzeigtest Du mir einen besonderen Gefallen. Erstlich Ritters Abhandlung vom Licht und zu den Farben, zu der ich durch den Buchhandel nicht gelangen kann; zweitens den Theil von Gren's Journal, in welchem die Recension meiner optischen Beiträge steht. Sie findet sich wahrscheinlich in dem Jahrgange von 1792, oder 1793. Ich bin in Bearbeitung dieser Materie und in Redaction meiner älteren Papiere gegenwär-

tig so fleissig, als es nur gehen will, und hoffe, dass dieser sisyphische Stein mir diessmal nicht wieder zurückrollen soll."

Knebel a. G. Jena, den 13. Septbr. 1806. (255.)
„Seebeck hat auch wieder verschiedene Licht-Experimente gemacht, womit er sehr zufrieden ist, und hofft, dass sie auch Dir Vergnügen machen würden."

Knebel a. G. Jena, den 5. December 1806. (265.)
„Ich habe mich lange nicht nach Dir befragt, ob ich gleich Nachrichten von Deinem Wohlbefinden hatte; denn Du wandelst mit unermüdetem Fleiss in den hohen Regionen der Betrachtung fort, indess wir Armen unter der Contraction der Witterung und der Zeit nur so fort athmen. Dennoch wünsche ich, dass Du von Deinem sisyphischem Stein bald erlöst sein möchtest, um uns wieder näher zu kommen."

Göthe a. K. Weimar, den 13. Decbr. 1806. (266.)
„Die kurzen Tage gehen mir geschwind in allerlei Beschäftigungen vorbei; besonders ist die Farbenlehre stark auf dem Amboss. Das Manuscript zum eigentlichen didactischen Entwurf ist schon ganz abgesendet; nun sind wir am polemischen Theile des ersten Bandes, bei welcher Arbeit gute Unterhaltung, ja sogar leidenschaftliche Gemüthsbewegung zu finden ist."

Göthe a. K. Weimar, den 14. Januar 1807. (270.)
„Mit dem didactischen Theil meiner Farbenlehre, dem eigentlichen Entwurf derselben, bin ich nunmehr, Gott seis gedankt! fertig. Sobald er völlig abgedruckt ist, es fehlt nur noch ein Bogen daran, erhältst Du das Heft. Freilich geht nunmehr eine neue Noth an: denn die polemische Arbeit ist begonnen, ein Theil des Newtonischen Werks, der Optik, wird ausgezogen, übersetzt und mit fortgesetzten Noten begleitet."

Knebel a. G. Jena, den 16. Januar 1807. (271.)

„Für die Sendung der Farbenlehre danken wir im voraus. Ich kann nicht sagen, mit welchem Vergnügen ich den Anfang gelesen habe."

Göthe a. K. Weimar, den 25. Januar 1807. (275.)

„Der zweite polemische Theil meines chromatischen Werkes wächst auch zusehends. Es ist aber immer eine schreckliche Arbeit. Wenn sie fertig ist, wird man kaum glauben, dass man sie gemacht hat. Aus dem gröbsten bin ich durch, aber nun muss das alles erst noch einmal erst bedacht, redigirt, vieles nochmals durchexperimentirt und manches umgeschrieben werden. Indessen, wenn nur jeden Tag etwas geschieht, so sammelt sichs doch zuletzt, und ich treibe diese Arbeit mit desto mehr Lust, weil ich nach ihrer Beendigung an den historischen Theil der Farbenlehre gelange, den ich als ein Symbol der Geschichte aller Wissenschaften behandeln kann."

Knebel a. G. Jena, den 24. April 1807. (282.)

„Mit tausend Dank, Lob und Bewunderung erhältst Du hier Dein anvertrautes Werk wieder. Es war mir in diesen letzten unfreundlichen Tagen noch allein zur Erquickung. Ein so weitverbreiteter Blick, überall von tiefer Erforschung begleitet, und in der schwierigsten Sache mit solcher Klarheit alles vorgetragen. Auch Seebeck war ganz entzückt davon, und es hat ihn aufs neue ermuntert, einige Gegenstände dieser Farbenlehre weiter zu untersuchen und zu berichtigen. Wir freuen uns auf die Folge, nämlich den polemischen Theil; wonach S. sonderlich auch verlangend ist."

Göthe a. K. Weimar, den 7. Octbr. 1807. (290.)

„Ich will nun fortfahren und diesen historischen Theil etwas weiter schieben. Meyer hat einen gar schönen Beitrag gegeben, die Geschichte des Colorits bei den griechischen Malereien betreffend, meist nach Plinius. Ich bin nun beschäftigt, einige Betrachtungen über die Farbenlehre der Alten aufzusetzen, und dann über die Kluft des Mittelalters bis zur neuern Zeit herüberzuspringen. Es ist freilich noch gar zu viel, was zu thun ist."

Göthe a. K. Weimar, den 17. Decbr. 1808. (313.)
„Habe die Gefälligkeit und sende mir das *Journal de physique*, von dem Du sprichst. Ich war schon unterrichtet, dass ein *Mémoire* von Hassenfraz über die Farben beim Institut liege und dass man sich vor diesem *Noli me tangere* einigermassen scheue. Nun bin ich neugierig, wie man sich aus der Sache gezogen hat. Ich hoffe eben so niederträchtig wie aus der Gallischen."

Göthe a. K. Weimar, den 18. März 1809. (315.)
„Ich bin sehr fleissig an der Geschichte der Farbenlehre und stecke im 17. Jahrhundert, das ich mit Gewalt angreifen muss, wenn es durchkommen will, und es gehört einiger Muth dazu; denn für eine solche Arbeit ist wenig Dank einzuerndten."

Göthe a. K. Weimar, den 14. Februar 1810. (339.)
„Herrn Doctor Seebeck danke schönstens für seinen Brief. Er wird mir erlauben, ihn in meiner Farbengeschichte abdrucken zu lassen."

Knebel a. G. Jena, den 1. Juli 1810. (345.)
„Wegen Deiner Farbenlehre habe ich nichts besonderes noch gehört; sie verdauen wohl erst an dem wichtigen Werke, wir ergötzen uns daran."

Knebel a. G. Jena, den 10. August 1810. (348.)
„Seitdem studire ich nun erst Deine Farbenlehre und zwar bisher nur den historischen Theil, in abwechselnden Tagen und Stunden. Ich bin davon so mächtig erbaut, dass ich diese zusammengehefteten Bogen mit Andacht verehre. Das ganze Reich der Wissenschaften ist

in demselben von einem so hohen Standpunkte angesehen und das Wesentliche derselben so genau und innig erforschet, dass ich kein Buch hierin diesem Buche gleich zu schätzen weiss. Der Geist wahrer tiefer Humanität herrscht dabei überall, sowohl im Tadel wie im Lobe, und der wissenschaftliche Mensch selbst wird gleichsam aufgerufen, vor allem ein Mensch zu sein. Ich kann nicht sagen, wie sehr mich manche Stellen gerührt und entzückt haben, die allein ganzer sonst gut geschriebener Bücher werth sind. Selbst eine gewisse scheinbare Unordnung hie und da giebt dem Werke einen menschlichern Werth, und legt die darin enthaltenen Wahrheiten wie Orakelsprüche dar. Es ist alles nur um der Sache, nichts um des Scheins oder anderer Absichten wegen da.

„Es kann nicht fehlen, dass dieses Buch anfangs grosse Widersprüche erhalte; doch nur anfangs und bis die angeschwellten Wasser des Eigendünkels sich ein wenig möchten verlaufen haben. Ich wundere mich sogar, dass es jetzt schon günstigere Aufnahme findet, als sich zum Theil vermuthen liesse. Dieses macht Dein Name und die humane Art der Behandlung, die endlich zur Vernunft zwingt. Dabei ist die Welt auch an das Neuere jetzt mehr gewöhnt: denn ich kenne kein revolutionäreres Buch im guten Sinne als das Deinige."

Göthe a. K. Weimar, den 28. November 1812. (384.)

„Da hat ein Hans Narr, der sonst belobte Herr Pfaff in Kiel, in Widerlegung meiner, darzuthun gesucht, dass das reine weisse Licht aus einem Doppelgrau bestehe. Der Newton'sche einfache Schmutz hat also durch diese neueste Entdeckung ein Brüderchen bekommen. Es soll mir viel Spass werden, wenn ich die Geschichte der Farbenlehre bis auf unsere Tage fortsetzen und auch diese Menächmen mit reinem weissen Licht beleuchten kann.

Knebel a. G. Jena, den 4. December 1812. (385.)

„— — Ich habe den Herrn Pfaff über den Doppelspath und das, was er bei dieser Gelegenheit über einiges Deiner Farbenlehre sagt, gelesen. Ich kann über diese Sachen aus zu weniger Erfahrung nicht urtheilen, nur scheint es mir, dass diese Herren auch hier, wie in andern Dingen, den Sinn, das Ganze einer Sache, so wenig umfassen können. Diese Fachgelehrten sind meist schrecklich dumm, wenn sie etwas aus den gewöhnlichen Grenzen ihres Faches heraustreten sollen."

Göthe a. K. Weimar, den 8. Februar 1815. (460.)
„Die neuen Seebeck'schen Versuche und Entdeckungen sind allerliebst, ich möchte sie Dir vorzeigen und auslegen. Du erinnerst Dich der Farben, die ich epoptische genannt habe, die auf der Oberfläche der Körper durch Hauch, Druck, Erhitzung u. s. w. entspringen; nun hat man gefunden, dass auch im Innern des Glases, es sei in Scheiben- oder Körpergestalt, wenn es schon verkühlt, durch Reflexion zwischen zwei Spiegeln sich farbige Bilder erzeugen, die sich nach der Gestalt der Körper richten, in vollkommener Aehnlichkeit mit den Chladnischen Tonfiguren. Man muss das Phänomen mit Augen sehen, weil das Wunderbare und Anmuthige davon nicht zu beschreiben ist."

Knebel a. G. Jena, den 24. October 1815. (468.)
„Uebrigens vertreibe ich mir die Zeit meist mit Englischen Journalen, die jetzt in Haufen bei uns angekommen sind. Ich habe eine besondere Neigung für diese Blätter, von denen man aus der ganzen Welt etwas erfährt. So beschränkt — ich möchte fast sagen stupid — sie über manche Gegenstände sind, so interessant sind sie wieder über andere, und ihnen liegt meist eine gewisse positive Humanität — wenn ich so sagen mag — und guter Humor zum Grunde, die man bei anderen Völkern nicht so findet. Was mich sehr verwundert hat und worüber ich fast erstaunt bin, ist, dass sich gute Köpfe unter ihnen den Grundsätzen Deiner Farbenlehre nähern — vielleicht ohne diese gekannt zu haben —, mehr als die deutschen Professoren.

Zum Beweise will ich Dir den Titel eines Aufsatzes herschreiben, der gerade wider Newtons Optik gerichtet ist:
„*Monthly Magazine August* 1814. *Experiments to prove that the spectrum is not an Image of the Sun, as Newton endeavoured the demonstrate in the 3rd Experiment of his Optics p.* 21. *but an Image of Representation of the Hole in his Window-Shutter etc.*

„Der Verfasser schliesst seinen Aufsatz folgendermassen: *Indeed, the more we examine his (Isaac Newtons) theory of colours, the more cause we have to doubt the results of his experiments. And, however great his name, his genius, or his mathematical ingenuity, truth obliges us to form the opinion, that, if the optics were stripped of their geometric trappings, a nakedness of reasoning, a paucity of experimental knowledge, with a tiresome display of seemingly — accurate investigation, would consign the book to deserved oblivion, or to a place on the shelf with other mystic writings, whose greatest merit consist in being above, or more properly speaking below, our comprehension ... Joseph Reade M. D.*"\*)

Knebel a. G. Jena, den 2. December 1815. (471.)
„Von unserm Seebeck erhalte ich auch einen Brief nebst einer kleinen Welt von Nürnberger Bildern, die meinem Kleinen grosse Freude machen. Er beklagt sich über den wenigen Beifall, den seine optischen Versuche in den hiesigen Lit. Zeitungen gefunden hatten. Wer sich über Misurtheile in jedem Fach, ausser dem Theologischen, beklagt, der kennt die Welt nicht."

Göthe a. K. Weimar, den 1. Mai 1816. (477.)
„Von Seebeck hör' ich öfters: er ist sehr thätig, und die Anerkennung im Auslande muss günstig auf ihn wirken. Ich folge seinen letzten Entdeckungen und habe sie immer vor Augen. Sie sind gleichsam der Punkt aufs i zu meiner Farbenlehre. Erleb' ich, diese Phänomene mit

---

\*) Siehe die Uebersetzung dieses Citates im 1. Anhange, p. 97.

jenen zu verknüpfen, so wird es für den Geist eine schöne Anschauung geben."

Knebel a. G. Jena, den 8. Mai 1816. (479.)
„Die Nachricht von dem gewonnenen Preise unseres Seebecks hat mich sehr erfreut, so wie auch, dass seine Entdeckung Dir zur Bestätigung der Deinigen dient. Wenn man sieht (besonders in religiösen Sachen), wie schwer es für die Menschen ist, alte Vorurtheile abzulegen, so darf man sich nicht wundern, dass sie immer der Beweise noch mehr verlangen."

Göthe a. K. Weimar, den 7. November 1816. (495.)
„Jetzt beschäftigen mich die Seebeckischen entoptischen Farben sehr lebhaft. Ich schreibe ein Supplement-Capitel zu meiner Farbenlehre, als ein Tüpfchen aufs i. Da meine ganze Bemühung von jeher dahinaus lief, die Phänomene klar vorzuzeigen und sie zu sondern und nach ihrer Verwandtschaft zu ordnen, so kommt mir jede neue Entdeckung zu pass, denn sie fügt sich an und füllt eine Lücke. Die Newtonische Optik, dieser Mikmak von Kraut und Rüben, wird endlich einer gebildeten Welt auch so ekelhaft vorkommen, wie mir jetzo."

Knebel a. G. Jena, den 17. Januar 1817. (499.)
„Ich schicke Dir hier noch den Titel eines englischen Buches, das ich kürzlich im *Monthly Magazine* angezeigt fand. Es scheint, die Engländer fangen eher an, als die Deutschen, der Wahrheit Deiner Entdeckungen Raum zu geben; wenigstens scheint mir gegenwärtiges Buch nicht in den Newtonischen Grundsätzen abgefasst zu sein."

Göthe a. K. Weimar, den 12. Februar 1817. (500.)
„Es kommen mancherlei kleine gedruckte Hefte an mich, worunter ich aber nichts Erfreuliches finde. Wenn die Deutschen anfangen, einen Gedanken oder ein Wollen, oder wie man's nennen mag, zu wiederholen, so können

sie nicht fertig werden, sie singen immer *unisono* wie die protestantische Kirche ihre Choräle."

Göthe a. K. Weimar, den 22. August 1817. (517.) "Ich habe mit diesem vorzüglichen Manne (Staatsrath Schultz) manche bedeutende Unterhaltung gehabt, manches gelernt und manches entwickelt. Seine Art, die physiologischen Farben anzusehen, ist höchst bedeutend, und die entoptischen Farben werden immer glänzender."*)

### 3) Aus dem Briefwechsel zwischen Göthe und Staatsrath Schultz in Berlin.

Der Staatsrath Schultz hatte die Göthe'sche Farbenlehre mit Neigung ergriffen, besonders den physiologischen Theil weiter bearbeitet und seine Versuche und Ergebnisse in einem Aufsatze „über physiologische Gesichts - und Farbenerscheinungen," im neuen Journal für Chemie und Physik, herausgegeben von J. S. C. Schweigger XVI, 2. 121—157. 1816, mitgetheilt. Ueber den Staatsrath Schultz schreibt Göthe an Zelter, in Beziehung auf dessen Theilnahme für seine Farbenlehre, im December 1814, Folgendes: „Es ist das erstemal, das mir widerfährt, zu sehen, wie ein so vorzüglicher Geist meine Grundlagen gelten lässt, sie erweitert, darauf in die Höhe baut, gar manches berichtigt, supplirt und neue Aussichten eröffnet. Es sind bewunderungs- und beneidenswerthe Aperçus und Folgerungen, welche zu grossen Hoffnungen berechtigen" etc.

Schultz an Göthe. Berlin, den 29. Juli 1814. (Brief 1.) „Wenn Ihr herrliches Werk von der herrschenden Zunft der Physiker so überaus bitter angefeindet wird, so ist dies wohl der Beweis, dass sie erkennen oder doch ahnden, welche Gefahr dasselbe ihnen bringt und dass es sich hier um nichts weniger, als um eine radicale Umwälzung

---

*) Ueber „die entoptischen Farben": Siehe Göthe's Farbenlehre, didactischer Theil, p. 304.

ihrer sogenannten Physik durch ächte Naturphilosophie, mithin geradezu um die Möglichkeit ihrer fernern Physik handele. Sieht man nun gar, wie ungeschickt und schülerhaft selbst diejenigen unter ihnen sich benehmen, die noch die mehrste Keckheit zeigen (z. B. Herr Pfaff), dann kann man wohl des siegreichsten Erfolges ihres Werkes im Voraus gewiss sein, wenn auch weiter nichts dafür geschähe.

„Der lebhafte Unwille über die Art, wie zur Schande unserer Zeit die vornehmthuenden Physiker sich gegen Ihre Farbenlehre gebärdet haben, bewog mich zu dem Vorsatze, durch eine Kritik alles dessen, was davon laut geworden, zu zeigen, wie sie dadurch nur sich selbst geschmähet, gegen Ihre Theorie aber nicht allein keinen gegründeten Zweifel aufgebracht, sondern selbst dasjenige, was darin dunkel sein mochte, erst recht in's Licht gesetzt haben. Ich wollte gleichsam den Staub und Schmutz abkehren, mit dem alles Schöne und Gute täglich bedeckt wird, überzeugt, dass eine fromme Hand schon hierdurch ein Verdienst erwerben könne. Allein dabei bloss negativ zu Werke zu gehen, wäre für mich peinlich und wohl unthunlich gewesen; zu sagen, was ich möchte, bin ich aber noch lange nicht fähig, und zuletzt fühlte ich, dass es mir unmöglich sein würde, die Bosheit und Unwissenheit mit der Ruhe und Ironie zu behandeln, welche der Wahrheit würdig ist."

Schultz a. G. Berlin, den 27. November 1814. (3.)

„Die gütige Erlaubniss, Ihnen, Höchstverehrter, meine Gedanken und Beobachtungen über das Physiologe der Optik aphoristisch mitzutheilen, erleichtert mir zwar diese angenehme Pflicht; sie hat aber dennoch ihre eignen Schwierigkeiten behalten.

„Nach langer Unentschlossenheit habe ich mich nun, so gut als es die Musse der letzten Lage verstatten wollte, dieser Auflage durch beifolgende Skizze vorläufig entlediget; sie soll Ihnen meine Intention, und zwar, wo möglich, im ganzen Umfange darstellen."

Göthe a. S. Weimar, den 11. März 1816. (5.)

— „Auf meinem Wege bin ich diese Unzulänglickeit der Sprache nur allzuoft gewahr worden, und habe mich dadurch abhalten lassen, das zu sagen, was ich hätte sagen können und sollen. Ich durfte nur der Zeit vertrauen, dass diese redlichen Ausdrücke eines Einzelnen von Mehreren würden verstanden, d. h. in ihre Sprachen übersetzt werden.

„Jene Scheu, deren ich mich eben anklage, überwand ich zu Liebe der Farbenlehre, die mich viele Jahre beschäftigt hatte, und ich liess mich nicht irren, dass die ganze physische Gilde in hergebrachten hohlen Chiffern zu sprechen gewohnt ist, deren Abracadabra ihnen die Geister der lebendigen Natur, die überall zu ihnen spricht, möglichst vom trocknen dogmatischen Leichnam abhält."

Schultz a. G. Berlin, den 6. April 1616. (6.)

„Seebeck hat bedeutende, überaus dankenswerthe Schritte gethan, um diese Lehre auf den wahren, einfachen Ausdruck aller Lehre vom Lichte zurückzuführen; jetzt werden wir erst erfahren, was Brechung, und dann endlich, was Spiegelung des Lichts ist, woraus sich alles andere entfaltet.

„Mitten unter diesen grösseren Regungen nehmen sich fast possierlich die Angriffe aus, die einige englische Physiker, nicht von der herrschenden Partei, gegen ihren Nationalhelden Newton zu wagen nicht lassen können. Das *Monthly Magazine* von 1814 und 1815 enthält mehrere solche Aufsätze.*) Hin und wieder treffen sie ihn ganz auf dem rechten Fleck, wie auch Comparetti, allemal aber mit Entschuldigungen und Betheuerungen des unwandelbarsten Respects; summirt man alles Einzelne, so ist die Grösse, die sie ihm noch fortwährend beilegen, in der That schon negativ."

Göthe a. S. Weimar, den 19. Juli 1816. (11.)

„In diesen letzten Tagen haben mich die entoptischen Farben noch sehr beschäftigt. Wenn man zwei starke

---

*) Siehe Knebel an Göthe, Brief 468.

Octavbände über einen Gegenstand hat drucken lassen, und sich in derselben Region wieder auf einmal vor einem Abgrund sieht, so giebt dies gewiss eine herzerhebende Empfindung. In dieser Entdeckung liegt eigentlich das Wort des Räthsels, das sich aber selbst aussprechen muss. Die Phänomene schliessen sich ganz natürlich an alle übrigen an; ich behandle sie nach meiner alten Art, indem ich sie wechselsweise ins Einfache ziehe und in's Mannichfaltige treibe. Da Sie aus dem Schweigger'schen Journal die Umkehrung der Erscheinung kennen, so brauche ich kaum zu sagen, dass der hier hervortretende Gegensatz mit dem der physiologischen Erscheinungen völlig identisch ist."

Schultz a. G. Berlin, 4. November 1816. (12.)

„Zwei vor einigen Wochen erhaltene *Mémoires* des Malers Bourgeois zu Paris: 1) *Sur les loix, que suivent dans leurs combinaisons entre elles les couleurs produites par la refraction* (1812); 2) *Sur les couleurs produites par la reflexion de la lumière et examen des bases des doctrines de Henri Brougham, de Newton, de Gautier et de Marat* (1813), sind aller Aufmerksamkeit würdig. Schon im Jahre 1810 soll ein *Mémoire sur la colorisation* von ihm erschienen sein; auch kündigte er im Jahre 1812 eine *Théorie de la couleur dans la peinture* an. Der Verfasser greift auf ganz eigenthümlichem Wege Newton's Irrlehren bei der Wurzel an, und bekämpft sie, so weit er einfachen Erfahrungen folgt, mit entschiedenem Glück. Einige Wahrheiten hat er zu bewundernswürdiger Klarheit gebracht, andere sind ihm verborgen geblieben; wie denn der Fremde, der unseren deutschen Führer in dieser Angelegenheit entbehrt, schwerlich ganz in's Klare kommen dürfte. Doch ist der Verfasser selbst da, wo er (sich) nicht heraus finden kann, lehrreich, und da er von einer gründlichen Indignation gegen die Newton'schen *Quiproquo's* erfüllt ist, muss man ihn für fähig erkennen, die Lehre in ihrer Vollständigkeit und Reinheit zu fassen."

Schultz a. G. Berlin, den 31. October 1817. (24.)
„Da ich gestern den Prof. Weiss, den Mineralogen, antraf, und ihn um Mittheilung von Doppelspath aus dem mineralogischen Cabinet zu optischen Versuchen ersuchte, erfuhr ich von ihm, dass Ihre Entdeckung der Wirkung des directen und obliquen Lichtes, vermöge des Sonnenstandes, unter den hiesigen Physikern zu spuken anfängt; aber sie scheinen nicht gern gestehen zu wollen, dass sie diesen wichtigen Aufschluss Ihnen zu danken haben, und Herr Weiss that fremd und betroffen, als ich ihn auf Ihr im Juli erschienenes Heft zur Morphologie verwies."

Göthe a. S. Jena, den 24. November 1817. (25.)
„Ich habe Biot's Capitel, wo er Licht und Farben behandelt, wieder angesehen; man fühlt sich, wie in Egyptischen Gräbern. Die Phänomene sind ausgeweidet, und mit Zahlen und Zeichen einbalsamirt, der wissenschaftliche Sarg mit bunten Gestalten bemalt, welche die Experimente vorstellen, wodurch man das Unermessliche, Ewige im Einzeln(en) zu Grabe brachte. Jeder Freund der Naturlehre hat stündlich zu rufen und zu seufzen: „Wer errettet mich aus dem Leibe dieses Todes!"

Schultz a. G. Berlin, den 13. December 1817. (26.)
„Vor einigen Tagen befand ich mich in Gesellschaft mehrerer Newtonischer Optiker, die denn ihre Consternation und ihren Unmuth nicht bergen konnten, dass die vortreffliche Biot'sche Gelehrsamkeit durch Ihre einfache Lehre vom directen und obliquen Lichte so ganz zu Wasser gemacht sein sollte, dass es der mit so viel Kosten nach Biot's Angabe verfertigten Apparate im Mindesten nicht bedürfe, und alle ihre Arbeit vergebens sei. Vorzüglich erhob sich Professor Tralles, dessen akademischer Dünkel nun hoffentlich nicht mehr, wie sonst, schädlich sein wird."

Göthe a. S. Jena, den 8. Juni 1818. (30.)
„Die Lehre von den entoptischen Farben denke ich

im nächsten Hefte abermals um eine Stufe heraufzuheben. Ich habe gar hübsche Analogien gefunden, wodurch sich diese Erscheinung, die erst ganz isolirt dastand, dass man neue Hypothesen ausklügeln musste, sich immer gelenker und bequemer an das Bekannte schliesst. Dass Sie Ihre Arbeiten in diesem Fache nicht fortsetzen konnten, thut mir sehr leid; denn wenn Sie solche nicht bis zu einem Grad zum Abschluss führen, so laufen wir Gefahr, dass sie sich in's Allgemeine verlieren und ohne Dank aufgespeist werden. Je länger man sich in diesem wissenschaftlichen Wesen und Treiben umsieht, je weniger darf man hoffen, dass irgend etwas Zusammentreffendes, Zusammenbrennendes sich so bald zeigen werde. Jedermann urtheilt nach anderen Prämissen, oder urtheilt anders nach ebendenselben."

Schultz a. G. Berlin, den 8. Februar 1819. (33.)

„In optischen Studien kann ich mich keines Verdienstes rühmen; ich beschränke mich auf Mittheilungen mit Seebeck, der in diesen Dingen überaus reif und doch um desto begieriger ist, die Einsichten anderer aufzunehmen; das fördert mehr als ein einsames Vorschreiten auf so unsicheren Wegen. Hätte ich noch zweifeln können, dass Ihre Umwandlung der Optik von Bestand wäre, so ist es ganz unmöglich, wenn man Seebeck hört. Bei ihm steht die Lehre felsenfest, und unsere Akademiker fangen schon an, die sonst so verhasste Sprache derselben gewohnt zu werden. Auch haben sie nun endlich die entoptischen Farben, von denen sie nach Biot's qualvoller Anweisung nichts wahrnahmen, zu ihrer Verwunderung bequem und ausführlich kennen gelernt."

Göthe a. S. Jena, den 27. August 1820. (43.)

„Höchst merkwürdig ist in Prof. Fischer's Lehrbuch der mechanischen Naturlehre die wunderlich angeschobene Farbenlehre; ich konnte noch nicht die Sache näher ansehen; es ist aber für uns ein lustiger Einblick, wie die Herren einen ganz verständigen Rückzug anlegen. Die Franzosen, wenn sie flüchteten, nannten das ein *Mouvement retrograde*. Des Herrn Akademikers Rückschritt ist so tanzmeisterlich, dass man wirklich seine Gewandtheit bewundert. Die physiologischen Farben schliessen nicht allein das Capitel, sondern das ganze Buch, und so steht das wieder auf dem Kopfe, was wir seit so vielen Jahren auf die Füsse zu stellen suchten."

Göthe a. S. Jena, den 1. October 1820. (52.)
„Die physischen Farben erhalten auch durch das Entoptische eine unglaubliche Vollendung. Es ist, als wenn sich nach diesem Schlussstein das Gewölbe erst recht setzen wollte. Freilich dass ich gar Niemand neben mir habe, der an diesen Sachen eigentlich gründlichen Antheil nimmt, lässt mich öfter zaudern und stocken, als es bei lebendigem Umgange geschehen würde, doch wollen wir den Glauben nicht verlieren, da es an Muth nicht fehlt."

Göthe a. S. Weimar, den 29. Juli 1829. (124.)
„Was meiner Farbenlehre eigentlich ermangelt, war, dass nicht ein Mann wie Chladni (sie) ersonnen, oder sich ihrer bemächtigt hat; es musste einer mit einem compendiosen Apparat Deutschland bereisen, durch das Hocuspocus der Versuche die Aufmerksamkeit erregen, einen methodischen Zusammenhang merken lassen, und das Praktische unmittelbar mittheilen, das Theoretische einschwärzen, den Professoren der Physik überlassen, ihrer verworrenen Bornirtheit gemäss sich zu betragen, nach ihrer Weise die Sache zu läugnen und sich ihrer heimlich zu bedienen, und was dergleichen mehr ist. Auf solche Weise wäre die Sache lebendig geworden, irgend ein paar gute Köpfe hätten sich derselben bemächtigt und sie durchgeführt.

„Uns anderen ist es immer ein Wunder, wie man sich mit blossen Worten und Truggespinnsten in der mathematisch-physikalischen Welt beschäftigt. Decomposition und Polarisation des Lichts neben einander zu denken, finden die Herren keine Schwierigkeit. Nun hat Frauenhofer noch einiges Absurde hinzugethan, woran man glaubt, darauf hält, und was doch, wie man es wirklich versucht, zu Nichte wird. Mir ist genug, dass Frauenhofer ein vorzüglicher praktischer Mann war; daraus folgt aber nicht, dass er ein theoretischer Geist gewesen sei.

„Er durfte sich mit der herrschenden Kirche nicht entzweien, und hat, genau besehen, eigentlich nur noch ein Ohr in die schon genugsam zerknitterte Karte geknickt, die demohngeachtet gegen reines Beobachten und geregelten Denksinn verlieren muss.

„Nicht allein farbige Lichter, sondern sogar eine Unzahl schwarzer Striche soll das reine Licht enthalten. Kluge deutsche Naturforscher sehen schon den Ungrund der ganzen Sache deutlich ein, dass nämlich alles auf eine microscopische Beschauung der paroptischen Linien, im Zusammenhange mit dem Farbenspectrum, hinauslauft. Niemand hat noch öffentlich dargethan, dass die höchst complicirte Vorrichtung zu dem Zweck, die Differenz der Gläser in Absicht auf Brechung und Farbenerscheinung zu finden, keineswegs tauglich ist. Ich habe den Versuch selbst mit aller gehörigen Vorsicht anstellen lassen, habe in dem verlängerten Farbenspectrum die schwarzen Sstriche gesehen, und bin dadurch von dem oben Gesagten nur noch mehr überzeugt worden. Der freie Geist, der jetzt aufträte, das wahrhaft Erkannte sogleich praktisch benutzte, müsste Wunder thun." *)

4) **Aus dem Briefwechsel zwischen Göthe und Zelter.**

Göthe an Zelter. Weimar, den 4. Februar 1832.

„Schon vor einiger Zeit hast Du mir gemeldet, dass einige gebildete Berliner sich freuten, ausser Deinem Exemplar meiner **Farbenlehre** vielleicht kein anderes

---

*) Siehe: Göthe's Farbenlehre, 2. Abtheil., über: Paroptische Farben.

in Berlin zu wissen. Ist etwa eins auf der Königlichen Bibliothek, so wird man es dort secretiren und als ein verbotenes Werk verleugnen. Zwei Octavbände und ein Quartheft sind seit drei und zwanzig Jahren gedruckt und es gehört zu den wichtigsten Erfahrungen meines hohen Alters, dass seit jener Zeit die Gilden und Societäten sich dagegen immer wehren und in gräulicher Furcht davor begriffen sind. Sie haben Recht, und ich lobe sie darum. Warum sollen sie den Besen nicht verfluchen, der ihre Spinnegewebe früher oder später zu zerstören Miene macht. Damals schwieg ich; jetzt will ich doch einige Worte nicht sparen.

„Es sind alles ehrenhafte, wohldenkende Männer in der Gesellschaft, von der Du erzählst; aber freilich gehören sie einer Gilde, einer Confession, einer Parthei an, welche durchaus wohlthut, alles widerwärtig Ergreifende, dass sie nicht vernichten können, zu beseitigen. Was ist ein Minister anders, als das Haupt einer Parthei, die er zu beschützen hat, und von der er abhängt? Was ist der Akademiker anders, als ein eingelerntes und angeeignetes Glied einer grossen Vereinigung? Hinge er mit dieser nicht zusammen, so wär' er nichts; sie aber muss das Ueberlieferte, Angenommene weiter führen, und nur eine gewisse Art neuer, einzelner Beobachtungen und Entdekungen herein lassen und sich assimiliren. Alles andere muss beseitigt werden als Ketzerei.

„Seebeck,*) ein ernster Mann im höchsten besten Sinne, wusste recht gut, wie er zu mir und meiner Denkweise in naturwissenschaftlichen Dingen stand, war er aber einmal in die herrschende Kirche aufgenommen, so wäre er für einen Thoren zu halten gewesen, wenn er nur eine Spur von Arrianismus hätte merken lassen. Sobald die Masse, wegen gewisser schwierigen und bedenklichen Vorkommenheiten, mit Worten und Phrasen befriedigt ist,

---

\*) Siehe 2. Vortrag, p. 85.

so muss man sie nicht irre machen. Wie Du mir schreibst, gestehen jene Interlocutoren selbst, dass er mässig gewesen sei, d. h. dass er sich über die Hauptpunkte nicht erklärte, stillschweigend anhören konnte, was ihm missfiel, und hinter wohl anschaulichen Einzelnheiten, ich meine durch entschieden glückliches Experimentiren, worin er grosse Geschicklichkeit bewies, seine Gesinnungen verhüllte, indem er seinen akademischen Pflichten genug that. Sein Sohn versicherte mich noch vor kurzem der reinen Sinnesweise seines trefflichen Vaters gegen mich."

Göthe a. Z. Weimar, den 20. Februar 1832 (vier Wochen vor seinem Tode).

„Indem ich Vorstehendes dictire, erhalt' ich eine Dissertation aus Prag, wo vor einem Jahre, unter den Auspicien des Erzbischofs, meine Farbenlehre ganz ordentlich in der Reihe der übrigen physikalischen Capitel aufgeführt ist, und sich ganz gut daselbst ausnimmt. Dieser Gegensatz hat mir viel Spass gemacht, dass man in katholischen Ländern gelten lässt, was in calvinischen nicht nur verboten, sondern sogar discreditirt ist. Ich weiss es recht gut, man muss nur lange leben und in Breite zu wirken suchen, da macht sich denn doch zuletzt alles, wie es kann."

## DRITTER ANHANG.

### Ueber den dynamischen Werth der Farben.

Vielleicht wird es manchem Leser nicht unwillkommen sein, wenn ich ihm in diesem Anhange Gelegenheit gebe, einige von mir aus meinen dynamischen Untersuchungen gewonnenen Resultate über Licht und Farben, mit denen der Newtonianer vergleichen zu können. Es liegt dem eigentlichen Zwecke dieser Schrift fern, auf meine Entdeckung dynamischer Erscheinungen ausführlich einzugehen; wer sich jedoch mit dieser näher bekannt zu machen wünscht, findet in meinem Werke „Der dynamische Kreis," bei W. Türk in Dresden in 4 Lieferungen erschienen, die nöthige Auskunft. Zum Verständniss der hier aufgenommenen Resultate meiner Beobachtungen der dynamischen Aeusserungen des Lichts und der Farben kann ich mich auf wenige erläuternde Bemerkungen, die obigem Werke entnommen sind, beschränken.

Der dynamische Werth der Dinge kann, unter gewissen, genau zu befolgenden Bedingungen, durch ein Pendel, das über den zur Prüfung ausliegenden Körper gehalten wird, bestimmt werden, indem die innewohnende Kraft des jedesmal ausliegenden Körpers den Schwingungen des Pendels zu einer stets wiederkehrenden Richtung nöthigt. Die Schwingung des Pendels nimmt eine nach der Himmelsgegend bestimmbare Richtung gegen den Experimentirenden an, die von doppelter Art sein kann. Bei dem einen Körper ist sie eine Längenrichtung, bei dem andern eine Querrichtung; die erstere bezeichnete ich als eine **absolut positive** Kraftäusserung eines Körpers, die letztere als eine **absolut negative**.

Durch eine zweite Manipulation, wobei man einen andern Körper auf den in Wirksamkeit befindlichen zur Prüfung ausliegenden einwirken lässt, wird die Wirkung noch mannigfaltiger gemacht. Es erfolgt dann nämlich eine Ablenkung des Pendels aus seiner frühern Schwingungsrichtung, die sich bis zu einem Maximum von 360° in der Schwingungsebene erstrecken kann, woraus das Gesetz eines dynamischen Kreises sich herstellt. Der Gradabstand von 0° aus bestimmt allemal den **relativen** dynamischen Werth eines Körpers. Eine Ablenkung von der Schwingungsebene des Pendels, bezeichnete ich, wenn sie nach links erfolgt, als eine **negative**, eine Ablenkung nach rechts, als eine **positive**.

Ein ähnliches Verfahren wurde von mir auch zur Bestimmung des absoluten und relativen dynamischen Werthes für das Sonnenlicht und die physischen Farben angewendet, indem hier das Pendel in dem Sonnenlicht oder in dem Scheine einer Farbe gehalten und deren Einwirkung ausgesetzt wurde.

Zu der Bestimmung des dynamischen Werthes der Farbe an sich eignen sich nur die sogenannten physischen oder Scheinfarben, nämlich solche, die entweder durch die Lichtbrechung vermittelst eines Prisma's oder durch farbige Gläser auf einer farblosen Fläche hervorgebracht werden. Bei den chemischen Farben, den sogenannten Pigmenten, wird ihr Gradabstand nicht durch ihre Farbe bestimmt, sondern nur durch die Beschaffenheit ihrer Bestandtheile, weshalb sie für die Bestimmung des dynamischen Charakters der Farben im eigentlichen Sinne nicht massgebend sein können. Es giebt nämlich chemische Farben, die, obwohl im Aussehen sich sehr ähnlich, wie Cochenille und Zinnober, Indigo und Ultramarin, in Folge ihrer abweichenden Entstehung und ihrer verschiedenen Zusammensetzung, doch eine ganz verschiedene Beschaffenheit haben; die Prüfung eines solchen Farbestoffs, er sei nun ursprünglich an einem Körper erzeugt, oder künstlich auf ihn übertragen, gewährt uns daher keine Einsicht in den dynamischen Charakter der Farbe. — Es ist also bei der dynamischen Prüfung der Farben an sich nur von den physischen oder Scheinfarben die Rede, sie mögen durch das Prisma oder durch gefärbte Gläser hervorgebracht sein.

Nach meinen Beobachtungen der Einwirkung eines Farbenscheines auf die Richtung der Pendelschwingung, sind von absolut positivem Charakter die der Lichtseite angehörenden Farben, nämlich: Gelb, Orange und Roth; von absolut negativem Charakter die Farben der Schattenseite: Grün, Blau und Violett.

Die relative dynamische Beschaffenheit der farbigen Lichter gab sich in folgender Reihenfolge kund:

Für die absolut positiven oder warmen Farben: Gelb 45°; Orange 90°; Roth 135°.

Für die absolut negativen oder kalten Farben: Grün 225°; Blau 270°; Violett 315°. (Siehe Tafel, Fig. 8.)

Nach der dynamischen Prüfung des Sonnenlichtes ist dasselbe von absolut positivem Charakter und nimmt, nach seinem relativen Werthe, den $0^0$ des dynamischen Kreises ein. Die Finsterniss konnte zwar keiner Prüfung unterworfen werden, doch muss man, nach dem Abstande der dunkelsten Farbe, das Violett ($315^0$), den $360^0$ als ihren Abstand annehmen. Wie das Wasserstoffgas und Sauerstoffgas, das erstere auf dem $0^0$ und das letztere auf $360^0$, als die schärfsten Gegensätze in der Stoffwelt, so umschliessen, gleichsam als die Grenzpfosten der Farbenreihe, Licht und Finsterniss den ganzen dynamischen Kreis. Die der Lichtseite angehörenden Farben nehmen die positive, die der Schattenseite angehörenden die negative Kreishälfte ein.

Von den drei Grundfarben: Gelb, Roth und Blau, stellen sich zwei, Gelb und Roth, von absolut positivem Charakter, auf die positive Kreishälfte; die dritte Grundfarbe, Blau, von absolut negativem Charakter, stellt sich auf die negative Kreishälfte.

Die Mischfarben: Orange, Grün und Violett, die Hauptstufen aller möglichen Mischfarben, vertheilen sich im dynamischen Kreise in umgekehrter Weise, da zwei von diesen, Grün und Violett, der negativen, und nur eine, Orange, der positiven Kreishälfte angehören. (Siehe Fig. 8.)

Die Mischfarbe Orange nimmt nach ihrem dynamischen Werthe genau die Mitte zwischen den beiden Grundfarben Gelb und Roth ein, von denen die erste sich um $45^0$ positiver, die andere um $45^0$ negativer verhält.

Die Mischfarben Grün und Violett haben die Grundfarbe Blau in ihrer Mitte, Grün ist um $45^0$ positiver, Violett um $45^0$ negativer als Blau.

Bekanntlich wird durch eine besondere Eigenschaft des Auges nach dem Reiz eines gegebenen farblosen als auch farbigen Bildes ein Nachbild hervorgebracht, und zwar so, dass Wirkung und Gegenwirkung sich entgegengesetzt sind. Sie fordern sich successiv, weil der durch ein farbiges Bild erregte Theil der Netzhaut, sobald die farbige

Anregung fehlt, unwillkührlich und unbewusst in eine solche Verfassung gesetzt wird, wodurch ein anderes und zwar entgegengesetztes farbiges Bild hervortreten muss. So wie ein helles Bild ein dunkles fordert, so fordern auch die Farben ihre Gegensätze. Die von der Netzhaut geforderten oder aus der selbsteignen Kraft der Retina erzeugten Farben hat man daher Ergänzungs- oder Complementär-Farben genannt.

Wenn man vor dem Untergange der Sonne eine Weile in die durch Dünste rothgelb gefärbte Sonnenscheibe gesehen hat, und alsdann das Auge auf einen lichten Gegenstand, z. B. eine Schneefläche, richtet, so stellt sich die früher wahrgenommene rothgelb gefärbte Sonnenscheibe dem Auge allmählig in einem blauen Bilde dar. Hier ist das blaue Bild das Complement des früheren rothgelben Reizes auf der Retina; in diesem Gegensatze sind die drei Grundfarben: Gelb, Roth und Blau enthalten.

Die Succession der Farbenbilder im Auge giebt dem Maler bei seiner Arbeit oft Anlass zu einer beunruhigenden Täuschung. War er genöthigt, einige Stunden lang unausgesetzt in seinem Gemälde einen rothen Gegenstand zu malen, und wendet plötzlich den Blick auf die übrigen Theile seines Gemäldes, so erscheinen ihm diese wie mit einem grünlichen Lichte überzogen; war aber der Gegenstand, mit welchem er sich beschäftigte, von blauer Farbe, so erscheint ihm, in Folge des empfangenen Reizes dieser kalten Farbe, der übrige Theil seines Gemäldes wie von einem warmen, gelblichen Licht erhellt. In beiden Fällen hinterlässt die dauernde specifische Erregung der Retina durch die eine Farbe im Auge die Nöthigung, die entgegengesetzte Farbe hervorzubringen. Das farbige Bild, welches den Reiz auf der Retina hinterlässt, ist das ursprüngliche oder primäre, jenes aber, welches nach einer Erregung vom Auge gefordert wird, ist das abgeleitete oder secundäre. Je intensiver und andauernder die primäre Einwirkung auf die Netzhaut war, desto stärker und andauernder ist auch die Nachwirkung.

Jede Empfindung ist die Reaction auf empfangenen Reiz. Das Auge empfindet die Einwirkung des Lichts, der Dunkelheit und der Farben ganz ähnlich, wie die Hand durch das Tasten einige äussere Zustände der Körper empfindet. Wie die Empfindung des Auges, kann auch das Gefühl der Hand von Täuschungen begleitet sein. Hält man die Hand eine Weile an einen warmen Ofen und gleich darauf auf eine hölzerne Tischplatte, so erscheint die letztere kalt, wogegen sie sich warm anfühlt, wenn die Hand vorher auf einer polirten Marmorplatte geruht hat. Nur durch den Gegensatz in der Empfindung sind wir hier veranlasst, den in seiner Temperatur unverändert gebliebenen Gegenstand bald kalt, bald warm zu nennen. Der Vorgang ist also ganz ähnlich, wie beim Gesicht, nur dass dieses, als ein bei weitem feinerer Sinn, auf den empfangenen Reiz einen qualitativ bestimmteren Gegensatz fordert.

Das vom Auge geforderte und sich als Gegensatz darstellende Farbenbild nennt Göthe das physiologische Farben-Spectrum. Die als Spectrum hervortretende Farbe ist die Ergänzungsfarbe, das Complement der gegebenen. Dem Gelb folgt, ohne äussern Reiz, das Violett als Spectrum nach; dem Blau folgt das Orange, dem Grün das Roth. Dem grösseren Reiz der Thätigkeit auf die Retina durch eine gegebene Farbe entspricht nämlich ein um so viel schwächerer der Ergänzungsfarbe, und dem schwächeren Reiz auf die Retina folgt ein um so viel stärkerer. — Wenn sich nach dem Eindruck einer gegebenen Farbe sogleich der ihm entsprechende Gegensatz, ihr Complement, an einem wirklichen Object dem Auge darbietet, so erhält dieses eine eigenthümliche Befriedigung, weil dabei das Auge in sich selbst den Farbenkreis abschliesst.*)

Die physiologischen Gesetze des Auges stimmen mit den Resultaten meiner dynamischen Prüfung der Farben

---

*) Ueber die Ergänzungs- oder Complementär-Farben, siehe: „Dynamischer Kreis," 3. Lieferung, p. 234.

vollkommen überein. Betrachtet man nämlich den dynamischen Abstand, welchen die Ergänzungsfarben im Kreise haben, so wird man gewahr, dass die drei sich ergänzenden Farbenpaare auch in der Summe ihrer Gradabstände den ganzen dynamischen Kreis (360⁰) darstellen. Wir dürfen aber nicht unbeachtet lassen, dass für die physischen Farben Licht und Finsterniss gleichsam die Grenzpfosten des dynamischen Kreises sind.

Nach dem physiologischen Gesetz ist ohne Ausnahme unter den complementären Farben eine der Licht-, die andere der Schattenseite angehörig, auch hat jede der drei Grundfarben eine der drei Mischfarben zum Complement. — Unter den sich ergänzenden Farben ist die eine allemal von **absolut positivem**, die andere von **absolut negativem** dynamischen Charakter.

Das **absolut positive Gelb** hat zur Ergänzungsfarbe das **absolut negative Violett**. Abstand: Gelb 45⁰; Violett 315⁰.

Das **absolut positive Orange** hat zur Ergänzungsfarbe das **absolut negative Blau**. Abstand: Orange 90⁰; Blau 270⁰.

Das **absolut positive Roth** findet seinen entsprechenden Gegensatz im **absolut negativen Grün**. Abstand: Roth 135⁰; Grün 225⁰.

Aus diesen Zahlenverhältnissen wird klar, dass der Abstand einer gegebenen Farbe mit dem Abstande der geforderten das Fundament des ganzen dynamischen Kreises bildet.

Werden die sich ergänzenden Farben, Gelb und Violett, Orange und Blau, Roth und Grün, im dynamischen Kreise mit Linien verbunden, so entstehen drei parallele Linien, welche den Meridian des dynamischen Kreises in ganz gleichen Abständen rechtwinklig durchschneiden. (Fig. 8.) Dies erklärt sich aus dem Gesetz der physiologischen Farben, wonach jede gegebene Farbe so viel Helle enthalten muss, als die geforderte Finsterniss. Diesem Gesetz entsprechend entfernt sich die gegebene Farbe, nach ihrem relativen dynamischen Werthe, um so viel Grade vom Licht, als die geforderte von der Finsterniss, und umgekehrt.

Gelb entfernt sich vom Licht 45°, sein Complement Violett von der Finsterniss 45°, oder: Gelb enthält ⅞ Licht, Blau ⅛ Licht.

Orange weicht 90° vom Licht, sein Complement Blau 90° von der Finsterniss ab, oder: Orange enthält ¾ (⁶/₈) Licht, Blau ¼ (²/₈) Licht.

Roth weicht 135° vom Licht, sein Complement Grün 225° von der Finsterniss ab, oder: Roth enthält ⅝, Grün ⅜ Licht.

Nach diesen Zahlenbrüchen ·wird ebenfalls eine Uebereinstimmung zwischen dem Lichtverhältniss der sich ergänzenden Farben ersichtlich und die Totalität des Farbenkreises repräsentirt.

Als Mittel des in Zahlen ausgedrückten relativen dynamischen Werthes der Farben erhält man für die complementären Farben folgendes Resultat:

Gelb (45°), Violett (315°) das Mittel = 180;
Orange (90°), Blau (270°) „ „ = 180;
Roth (135°), Grün (225°) „ „ = 180;

Das Mittel des in Zahlen ausgedrückten relativen Werthes für alle sechs Hauptfarben, oder für die drei Grund- und die drei Mischfarben ist ebenfalls 180.

Die Complementärfarben oder auch sämmtliche sechs Hauptfarben geben bekanntlich als Pigmente gemischt ein schmutziges, indifferentes Grau; für das Auge entsteht eine dem schmutzigen Grau ähnliche Mischung, wenn sämmtliche Hauptfarben auf einer Scheibe aufgetragen werden und diese in eine schnelle Drehung versetzt wird; auch verbinden sich die Complementärfarben in einem Stereoskop neben einander gelegt für das Auge zu einem schmutzigen Grau. Werden drei gefärbte Glasscheiben, eine rothe, gelbe und blaue, aufrecht dicht neben einander gegen das Sonnenlicht gestellt, so entsteht hinter diesen Glasscheiben ein Schatten, der sich gegen die in selbigem vorgenommenen dynamischen Versuche so indifferent verhält, wie ein nur vom allgemeinen Tageslicht erhelltes Zimmer. Nach der dynamischen Untersuchung nimmt das Wasserstoffgas den $0^0$, das Sauerstoffgas den $360^0$ des dynamischen Kreises ein. Sie bilden die grössten dynamischen Gegensätze nicht allein unter den uns bekannten Elementen, sondern auch unter allen übrigen Stoffen der Natur. Durch ihre chemische Verbindung entsteht, als ein drittes, das Wasser, welches die räumliche Indifferenz jener beiden getrennten ist, da dieses, nach seinem ralativen dynamischen Werthe, den beiden Elementen gegenüber, sich auf den 180 Grad des Kreises stellt. Eben diese Stelle nimmt auch das aus der Mischung der Hauptfarben entstandene Grau ein, da es sich, wie das Wasser zu seinen Elementen, zu dem Licht ($0^0$) und der Finsterniss ($360^0$) indifferent verhält.

Die dem Licht zunächst stehende und dynamisch positivste aller Farben, das Gelb, macht den heitersten Eindruck und besitzt unter allen Farben die stärkste Leuchtkraft, wogegen die vom Licht am weitesten stehende Farbe und unter allen die dynamisch negativste, das Violett, die schwächste Leuchtkraft besitzt und am entschiedensten ernst und trübe stimmt.

Die chemische Kraft, welche eine desoxydirende ist, ist im violetten Licht am stärksten und wird nach dem rothen und gelben hin immer schwächer. Die Oxydationsprocesse in einem geschlossenen Raum werden, wie es jedem Photographen bekannt ist, durch den Lichtschein eines gelben Glases verhindert, durch den eines blauen, und mehr noch durch den eines violetten Glases oder gleichfarbigen Vorhangs begünstigt. Ein mit Chlorsilber bestrichenes Papier, in ein blaues oder violettes prismatisches Lichtbild gebracht, wird stark geschwärzt (desoxydirt), während es im rothen und gelben Licht unverändert bleibt. Jenseits des violetten Bildes, an einer Stelle, wo man die Farbe nicht mehr gewahr wird, wird das Chlorsilber noch ungleich schneller geschwärzt. (Siehe den Farbenkreis auf der Tafel, Fig. 8.)

Bei den chemischen Zersetzungsprócessen, z. B. des Wassers durch die galvanische Säule, erscheint bekanntlich der Sauerstoff ($360^0$) am positiven Pole, der Wasserstoff ($0^0$) am negativen. Im allgemeinen rührt die Verwandlung einer Farbe in eine dynamisch - negative von einem dynamisch-positiven, die Entstehung einer dynamisch-positiven Farbe von einem dynamisch-negativen chemischen Produkte her. So wird z. B. das Lacmus durch die Alcalien, die auf der positiven Hälfte des dynamischen Kreises zu stehen kommen, ins Rothblaue, durch die Säuren, welche sich auf die negative Kreishälfte stellen, ins Rothgelbe hinübergezogen.

In Betreff der Farben - Einwirkung auf die Pflanzen und der organischen Färbung muss ich auf die 3. Lieferung meines Werks, der dynamische Kreis, p. 241 und 242 hinweisen.

Wenn die drei Grund- und drei Mischfarben nach dem Zahlenverhältnisse ihres dynamischen Werthes, d. h. nach ihrem Abstande vom Licht, und mit der Angabe ihres Lichtantheils in Zahlenbrüchen in einer Reihe zusammengestellt werden, so ergiebt sich folgendes Schema:

| | Absolut positive, | | | absolut negative Farben. | | | |
|---|---|---|---|---|---|---|---|
| | Gelb. | Orange. | Roth. | Grün. | Blau. | Violett. | |
| Sonnenlicht $0^0$. (Wasserstoff) | $45^0$ | $90^0$ | $135^0$ | $225^0$ | $270^0$ | $315^0$ | Finsterniss $360^0$. (Sauerstoff.) |
| Lichtantheil | $7/8$ | $3/4$ | $5/8$ | $3/8$ | $1/4$ | $1/8$ | |

Mittel = 180 = Grau.

So viel jede Farbe vom Licht in sich enthält, muss auch ihr Complement von der Finsterniss enthalten, oder dieses letztere muss denjenigen Bruchtheil des Lichtes enthalten, welcher der ersteren zur Totalwirkung fehlt. Die sich ergänzenden Farben sind in obigem Schema durch Striche verbunden. Sowohl nach den Graden ihres Abstandes vom 0-Grad im dynamischen Kreise, als auch nach den Bruchzahlen ihres Lichtantheils stellen die complementären Farbenpaare die Totalität dynamischer Thätigkeit dar, weil sie das Fundament des ganzen Kreises, das durch Licht und Finsterniss bestimmt wird, bilden. Das Mittel für die in Graden ausgedrückten relativen dynamischen Werthe der sich ergänzenden Farben, die gemischt ein indifferentes Grau hervorbringen, ist = 180.

Die Berechnungen der Newtonianer bezüglich der Grösse und der Schnelligkeit der Aetherschwingungen homogener Lichter ergeben folgendes Schema:

|  | Roth. | Orange. | Gelb. | Grün. | Blau. | Indigo. | Violett. |
|---|---|---|---|---|---|---|---|
| Aetherwellen | 248 | 217 | 201 | 184 | 168 | 156 | 145 in 10 Millionsteln eines Zolles. |
| Schwingungen in einer Secunde. | 452 | 474 | 528 | 591 | 641 | 724 | 785 Billionen. |

Die Complementärfarben sind auch hier durch Striche verbunden. Für die siebente Newton'sche Farbe, das Indigo, giebt es unter den Urlichtern kein Complement; auch sind in dieser Reihenfolge, welche die Newtonianer für die Farben aufgestellt haben, Roth und Violett die grössten Gegensätze, dagegen sind Gelb und Grün sich am nächsten verwandt.

Macht man auch hier den Versuch, wie nach vorhergegangener Bestimmung des dynamischen Werthes der Farben, die Mittelzahl für die Wellenlängen der Complementärfarben zu ermitteln, so erhält man:

für Gelb (201) und Violett (145) — 173,
„ Orange (217) „ Blau (168) — 192½,
„ Roth (248) „ Grün (184) — 216.

Das Mittel des in Zahlen ausgedrückten Bewegungswerthes in 10 Millionsteln eines Zolles für die sieben Newton'schen Urlichter beträgt 188.

Nun sollen, nach der Behauptung der Newtonianer, die Complementärfarben, oder die ganze Reihe homogener Lichter, wenn ihre Schwingungen gleichzeitig unsere Netzhaut erregen, Weiss hervorbringen. Es wird aber schwer begreiflich, wie so ganz verschiedene Schwingungsverhältnisse, wie die Zahl 173 für die Complementärfarben Gelb und Violett, 216 für Roth und Grün, oder 188 für die Mittelzahl sämmtlicher sieben homogener Lichter, einen gleichen Werth, wie das vom Auge empfundene farblose Licht, darstellen sollen.

Man wird bei diesen Versuchen wiederum gewahr, dass für die Resultate der „vollendeten" Optik kein Zusammenhang mit der Natur gefunden werden kann.

Wie dagegen vorurtheilsfreie Männer, bevor die mathematische Verdunkelung für die Beobachtung der Farbenerscheinungen eingetreten war, das Richtige erkannt haben, davon giebt uns Franciscus Aguillonius († 1617) einen wohlthuenden Beweis. In seiner Optik, die 1613 in Brüssel erschien, sind die Farben in einer Reihe aufgestellt, wie wir sie bei Göthe finden, und wie sie sich nach der dynamischen Prüfung der Farben ergeben hat. Das Weisse und Schwarze setzt er an die beiden Enden, dazwischen in eine Reihe die Farben, welche wir als die Grundfarben erkannt haben, nämlich: Gelb, Roth und Blau. Das Gelb steht zunächst dem Weissen, das Blau neben dem Schwarzen und das Roth in der Mitte. Diese Farben sind durch Halbcirkel verbunden, wodurch die Mittelfarben angedeutet werden.*)

In Betreff der Stellung, welche die drei Grundfarben und die drei Mischfarben im dynamischen Kreise einnehmen, muss hier noch folgende Stelle als beachtenswerth aus der 3. Lieferung meines Werkes „der dynamische Kreis," aufgenommen werden.

Die verschiedene Stellung der Mischfarben zu ihren Grundfarben im dynamischen Kreise hängt von der ver-

---

*) Siehe: Göthe's Geschichte der Farbenlehre, den Abschnitt über Franciscus Aguillonius.

schiedenen Stellung der letzteren zum Licht ab. Roth hat von diesem einen dreimal so grossen Abstand als Gelb, Blau einen doppelt so grossen Abstand als Roth. Gelb, als die hellste Farbe, wird durch die Beimischung jeder andern Farbe dunkler und dabei negativer; Roth, mit einer hellen oder dunkeln Farbe gemischt, wird heller oder dunkler und demgemäss auch positiver oder negativer. Die Vermischung mit der hellsten und dunkelsten Grundfarbe, Gelb und Blau, giebt das Grün, welches verhältnissmässig um wenig heller und positiver ist, als das Blau, und dabei, ohngeachtet der Verbindung mit einer absolut positiven Farbe, absolut negativ bleibt, wie das Blau. Die Vermischung des Blauen mit dem Rothen giebt das Violett, die dunkelste aller Hauptfarben und von der negativsten dynamischen Wirkung, obwohl die Grundfarben, aus denen sie hervorgeht, beide heller und positiver sind, als ihr Produkt, und eine derselben, das Roth, sich sogar absolut positiv verhält.

Diese anscheinende Anomalie in der Verbindung der blauen Grundfarbe erinnert an die so auffallenden, von allen Elementen ganz abweichenden chemischen und dynamischen Eigenschaften des Stickstoffgases, das merkwürdigerweise denselben Abstand wie das Blau im dynamischen Kreise einnimmt. Das Stickstoffgas hat, wie es dem Chemiker bekannt ist, eine grosse chemische Verwandtschaft zum Wasserstoffgas und Kohlenstoffgas, welche beide zu den dynamisch-positivsten Elementen gehören. Die Verbindung des Stickstoffs mit dem Wasserstoff giebt das Ammoniak, seine Verbindung mit dem Kohlenstoff das Cyan. Das Ammoniak ist nur 45° positiver, als der Stickstoff, obwohl dieser mit dem positivsten aller Elemente, dem Wasserstoff verbunden ist; auch ist diese Verbindung absolut negativ. Das Cyan verhält sich sogar noch um 60° negativer, als der Stickstoff, obwohl das andere seiner Elemente, der Kohlenstoff, vom Wasserstoff nur um wenige Grade negativ abweicht. Bei allen übrigen Elementen wurde nach einer chemischen Verbindung mit einem positiveren oder negativeren Grundstoffe die dynamische Wirkung immer verhältnissmässig positiver oder negativer gefunden; nur der Stickstoff macht hierin eine Ausnahme. Eine ganz ähnliche Anomalie zeigt unter den Grundfarben das Blau. Das Ammoniak hat den nämlichen Abstand wie die grüne Farbe (225°) und seine Elemente stehen auch in einem ähnlichen Verhältnisse wie Blau und Gelb, die Bestandtheile des Grünen. Das Violett (Blau und Roth) verhält sich ähnlich wie Cyan, nur weicht es von der Grundfarbe (Blau) etwas weniger ab, als das Cyan von seinem Radical, dem Stickstoff.

---

Durch meine dynamischen Untersuchungen hat sich ergeben, dass die Farben, obgleich sie ein elementares Phänomen sind und in innigster Beziehung zu dem Licht und zu der Finsterniss stehen, sich doch in merkwürdiger Uebereinstimmung vielen andern Naturerscheinungen anschliessen und uns den schönen Beweis liefern, wie alles Wirkende in seinen Theilen durch ein Band dynamischer Wirkung und Gegenwirkung zusammengehalten und mit einem uns unbekannten Centrum verbunden wird. — Hier folgen noch einige Angaben übereinstimmender Beziehungen, die von mir erst in jüngster Zeit gefunden worden sind, und die sich den früher schon aufgenommenen ergänzend anschliessen.

Biot's Lehrbuch der Physik.

p. 239. „Nach den Untersuchungen von Berard, Gay-Lussac, Ritter, Wollastons, kann man sich vorstellen, dass das Wärmevermögen und das chemische Vermögen in der ganzen Ausdehnung des Spectrums mit den Farben sich ändert, aber nach verschiedenen Functionen, indem das Minimum des Wärmevermögens am violetten Ende des Spectrums stattfindet und sein Maximum am rothen Ende hat; dahingegen das chemische Vermögen, durch eine andere Function gegeben, sein Minimum am rothen

Ende hat, und sein Maximum am violetten Ende, oder selbst etwas darüber hinaus."

p. 281. „Das Wärmevermögen der Farben findet Seebeck ebenfalls am meisten in der äusseren Grenze des Violett, von dort nimmt es nach der blauen, grünen, gelben und rothen Seite fortschreitend zu. Bei einigen Prismen erreicht es ihr Maximum im Gelben, bei anderen zwischen Gelb und Roth."

Die Uebereinstimmung des dynamischen Abstandes der physischen Farben sowohl mit den oben angegebenen chemischen Einflüssen als auch mit ihrem Wärmevermögen, kann erst dann gewürdigt werden, wenn man darauf Rücksicht nimmt, dass die absolut positiven Farben auf der Seite des Wasserstoffs, der absolut positiven Elemente und der Alkalimetalle, die absolut negativen Farben hingegen auf der Seite des Sauerstoffs und anderer Stoffe von zersetzender Eigenschaft, ihre Stelle einnehmen.

„Franklin legte, wie Lewes in seinen „Naturstudien am Strande" berichtet, verschiedene gefärbte Tuche im Sonnenschein auf den Schnee, und zwar so, dass die Lichtstrahlen sie gleichzeitig trafen. Nach einiger Zeit sah er wieder nach und fand, dass das schwarze Tuch tief in den Schnee eingesunken war, das gelbe viel weniger und das weisse fast gar nicht. Aus dieser Thatsache folgt, dass die Oberfläche sich genau im Verhältniss ihrer hellern oder dunklern Farbe erwärmt; denn je dunkler die Farbenfläche, desto mehr Strahlen saugt sie ein; die schwarze Fläche, die alle Strahlen einsaugt, wird am heissesten."

Mit der Stellung der Farben im dynamischen Kreise stimmen auch diese Thatsachen vollkommen überein.

Bekanntlich sind die Sonnenstrahlen kalt, so lange sie leuchten; erst dann, wenn sie auf undurchsichtige Körper fallen und zu leuchten aufhören, verwandelt sich ihr Licht in Wärme. Umgekehrt verwandelt die Wärme sich in Licht beim Glühen der Metalle, Steine etc. Da wir nun das Licht als den wichtigsten Factor bei der Farbenbildung, und die Wärme, ihrer Natur nach, nur als einen Verwandten, eine blosse Metamorphose des Lichts zu betrachten haben, so werden noch einige Citate aus Biot's Physik, über Lichtentwickelungs- und Wärmeleitungs-Vermögen hier eine passende Stelle finden.

p. 243, „Am meisten Licht entwickelt bei der Verbindung mit Metallen nach dem Sauerstoff das Chlor, ihm folgt das Jod, diesem der Schwefel und zuletzt der Phosphor."

Man bemerke hierbei, dass der dynamische Abstand für Sauerstoff $360^0$, für Chlor $357\frac{1}{2}^0$, für Jod $315^0$, für Schwefel $180^0$, für Phosphor $177\frac{1}{2}^0$ ist. Das Vermögen der Lichtentwickelung nimmt demnach mit der positiveren Stellung des Elementes im dynamischen Kreise successive ab.

p. 318. „Nach Jungenhous's Versuche sind Gold und Silber die Metalle, welche das beste Leitungsvermögen für die Wärme besitzen, darauf folgen, ziemlich auf gleicher Stufe stehend: Kupfer, Zinn, Platin, Eisen, Stahl, Blei, welche den andern sehr weit nachstehen."

Gold und Silber, welche das beste Leitungsvermögen für die Wärme besitzen sollen, sind von absolut positivem Charakter; das Gold stellt sich auf $0^0$, Silber auf $45^0$. Die übrigen genannten Metalle von viel schwächerem Wärmeleitungsvermögen als Gold und Silber, sind von absolut negativem Charakter und ihr dynamischer Abstand steht in fast genauem Verhältniss zu ihrem Leitungsvermögen der Wärme; der Abstand für Kupfer ist $112\frac{1}{2}^0$, für Zinn $125^0$, Platin $135^0$, Blei $150^0$, Stahl $155^0$, Eisen $157\frac{1}{2}^0$."...

Das Wärmeleitungsvermögen steht also in einem umgekehrten Verhältniss zu dem Vermögen der Lichtentwickelung derselben; jenes nimmt ab, dieses nimmt zu mit dem Grade der negativeren Stellung des Elementes im dynamischen Kreise.

# Erklärung der Tafel.

### Figur 1.

*a.* Ein aufrechtstehendes, von der Sonne bestrahltes Prisma.

*b. b.* Die Projection der durch's Prisma hervortretenden zwei Lichtstreifen mit weisser Mitte und den Farbensäumen.

Der orange und gelbe Saum zeigt sich an der von der brechenden Kante des Prisma's abgewendeten, der blaue und violette Saum an der, der brechenden Kante zugewendeten Seite des Schattens. Es ist allemal die voreilende Farbe die breitere; die gelbe greift über das Licht mit einem breiten Saume; da wo das Dunkle angrenzt, entsteht das Gelbrothe mit einem schmäleren Rande. An der inneren Seite des Spectrums hält sich das Blau; der vorstrebende Saum, der sich über den Schatten verbreitet, lässt uns in einem breiteren Rande die violette Farbe sehen.

Diejenige Kante des Prisma's, deren Schenkel das durchtretende Licht durchschneidet, heisst die brechende Kante. — Die punktirten Linien bezeichnen die Grenzen des Schattens, den das Prisma wirft.

### Figur 2.

*a.* Ein aufrechtstehendes, von der Sonne bestrahltes und dabei gewendetes Prisma. Hier sieht man nur einen durch das Prisma getretenen Lichtstreifen, dessen Farbensäume in einer gewissen Entfernung vom Prisma immer mehr an Breite zunehmen, bis sie endlich in der Mitte des Spectrum's theilweise übereinangreifen und aus dem gelben und blauen Saum die Mischfarbe Grün zusammensetzen.

In der Nähe des Prisma's bleibt die Mitte des Spectrums weiss. Man sieht hier unzweifelhaft, dass die prismatischen Farben nur an den Rändern, wo Licht und Finsterniss zusammentreffen, hervortreten, und dass ein ganz gefärbtes Spectrum nur aus dem Uebergreifen der Farbenränder entsteht.

Figur 3. und 4.
dient zur bessern Beurtheilung des von Newton ausgeführten ersten subjectiven Versuchs. (I. Vortrag p. 27.) Newton hatte eine halb blau, halb roth gefärbte Pappe auf einen schwarzen Grund gelegt. Betrachtete er die so gefärbte Pappe durch's Prisma, mit dessen brechender Kante nach oben gekehrt, so glaubte er wahrzunehmen, dass die blaue Hälfte der Pappe höher gerückt liege, als die rothe; wenn er dagegen die Farben durch's Prisma mit dessen brechender Kante nach unten gerichtet betrachtete, so schien ihm die blaue Hälfte tiefer heruntergerückt zu sein, als die rothe. Fig. 3. stellt die scheinbare Verschiebung der gefärbten Vierecke dar, wie sie Newton bei dem zuletzt angegebenen Versuch, mit der brechenden Kante nach unten gerichtet glaubte wahrgenommen zu haben.

Fig. 4. zeigt das wahre Verhältniss bei diesem Versuch. Um durch die Zusammenstellung der Farben den Irrthum bei diesem Versuch noch deutlicher hervortreten zu lassen, habe ich vorgeschlagen, neben dem blauen Viereck, statt eines rothen, ein oranges Viereck zu legen.

*a. b.* ist, wenn beim subjectiven Gebrauch das Prisma mit dessen brechender Kante nach unten gehalten wird, der gesetzmässig sich bildende orange Saum, der sich mit dem orangen Bilde identificirt, aber mit dem blauen Bilde sich nicht identificirt, weshalb an diesem der obere Rand beschmutzt, verdunkelt wird, sich daher mit dem schwarzen Grunde vereinigt, und das blaue Bild dem Beobachter gegen das rothe verkürzt erscheint. *c. d.* ist der gesetzmässig sich bildende prismatische blau-violette Saum, der unten das orange Bild beschmutzt, verdunkelt, weshalb dessen Rand sich mit dem dunklen Grunde zu vereinigen scheint; da aber das blaue Bild am untern Rande mit dem blau-violetten Saume sich indentificirt, ihm nichts nimmt, so scheint dasselbe gegen das orange Bild heruntergeführt. Aus dieser scheinbaren Verschiebung der farbigen Bilder wollte Newton den Beweis für die verschiedene Brechbarkeit der Farben herstellen. Legt man die farbigen Vierecke ins helle Sonnenlicht und betrachtet sie dann durch's Prisma, so sieht man die prismatischen Farbensäume oben und unten an den Bildern ganz deutlich in geraden Linien, so wie sie in Fig. 4. dargestellt sind.

**Figur 5.**

dient zur Veranschaulichung der prismatischen Farbensäume an den Rändern eines weissen Vierecks; dieses ist auf einen schwarzen Grund übereck gelegt. $a$. $b$. sind die gelb-orangen, $c$. $d$. die blau-violetten prismatischen Säume. Das weisse Viereck, welches hier, durch's Prisma betrachtet, wie ein Körper mit rechtwinkligen Seitenflächen erscheint, macht uns bei diesem Versuche das prismatische Doppelbild, oder das Urbild mit dem Nebenbilde, in der deutlichsten Form anschaulich.

**Figur 6.**

ist eine Copie nach einer Newton'schen Zeichnung und dient zum richtigen Verständniss des Newton'schen ersten Versuchs im 2. Theile seiner Optik. Bei diesem Versuche will Newton mit einem Drath, oder sonst einem undurchsichtigen Körper vor dem Prisma, wo noch keine Farben sind, farbige Strahlen, eine nach der andern wegnehmen, so dass der Ueberrest im Spectrum bleibt. $a$. ist die Spalte im Fensterladen, $b$. das einfallende Licht, welches schon vor dem Prisma $c$., gegen die Sonne zu, in 5 Farbenlichter $k$. $l$. $m$. $n$. $o$. getheilt, angegeben ist. Hinter dem Prisma geht ein Theil der weissen Mitte des gebrochenen Lichts durch eine Oeffnung $g$. einer Pappe $d$. und fällt auf eine weisse Fläche $e$., worauf sich die prismatischen Farben in $f$. zeigen, nämlich unten roth, dann gelb u. s. w. bis violett. Die mit Punkten gleich hinter dem Prisma bezeichneten Linien sind die gefärbten Ränder des Spectrum's, welche von Newton, bei der Beschreibung seines Versuchs, verschwiegen werden. Vor dem Prisma sieht man die operirende Hand, die mit einem Stäbchen, oder Drath, nach Belieben von den angegebenen hypothetischen Farbenlichtern eine derselben oder mehrere auffangen und wegnehmen soll.

Newton hat stets behauptet, dass bei den prismatischen Farbenerscheinungen die Grenzen des Hellen und Dunkeln keinen Einfluss übten, und doch sehen wir hier, wie von ihm dreimal Grenzen hervorgebracht werden. Die erste Grenze ist an der Oeffnung im Fensterladen $a.$; die zweite befindet sich in der Pappe $g.$; die dritte entsteht durch das Hinderniss, den Drath, den Newton vor das Prisma bringt. Dieses Hinderniss verursachte in dem Spectrum einen Schatten, ein Bild, an dessen Rändern Farben hervortreten, und zwar in umgekehrter Weise; denn das Spectrum ist ein lichtes Bild auf dunklem Grunde, das durch das Hinderniss entstandene Bild ist aber ein dunkles auf hellem Grunde. „In keiner Figur des ganzen Werkes, in keinem Experimente ist noch dergleichen vorgekommen, ist uns zugemuthet worden, etwas, das selbst gegen den Sinn des Verfassers ist, anzunehmen und zuzugeben. Göthe."

Ein noch nicht ganz verstockter Newtonianer wollte das Widersinnige und Absurde in diesem Versuche Newton's damit entschuldigen, dass möglicherweise in dieser Zeichnung ein Fehler stattgefunden haben könne. Eine solche Entschuldigung muss aber als unbegründet zurückgewiesen werden, da die Zeichnung dem Newton'schen Text vollständig entspricht; auch findet man, ganz wie bei dieser Zeichnung, an mehreren andern Newton'schen Figuren den Lichtstrahl schon vor dem Prisma durch Linien getheilt, ebenso durch's Prisma gehend und hinter dem Prisma ankommmend, angegeben. Eine dieser Figuren ist

Figur 7.
auf beifolgender Tafel, nach einer Newton'schen genau copirt; sie befindet sich auf der 7. Tafel des Göthe'schen Tafelheftes, Nr. 3, wo noch mehrere unwahre und captiose Figuren Newton's zusammengestellt sind, wie solche in den physikalischen Lehrbüchern unverantwortlich wiederholt worden sind. *a.* ist die Oeffnung im Fensterladen. Die fünf angegebenen Linien *b.* sollen schon vor dem Prisma den getheilten Lichtstrahl vorstellen, ebenso getheilt soll er durch's Prisma *c.* gehen. Auf dem weissen Papier *d.* wird das getheilte Licht als Spectrum *e.* aufgefangen. Nach Göthe's richtiger Bemerkung sind die Linien vor dem Prisma ganz hypothetisch, innerhalb desselben zum Theil; denn in demselben kann nur oben und unten eine ganz schmale Randerscheinung stattfinden. Hinter dem Prisma ist die mittlere Linie hypothetisch, und die beiden nächsten falsch gezogen, weil sie mit der obern und untern nahezu aus einem Punkt entspringen müssten. — Das vor dem Prisma durch Linien angegebene getheilte Licht soll den im Urtheil befangenen Beobachter der prismatischen Phänomene an die Newton'schen Vorspiegelungen gewöhnen, damit dessen Einsicht in die wahren Verhältnisse bei jenen Versuchen erschwert werde. Die physikalische Gilde hat bis auf den heutigen Tag sich durch den Newton'schen Hypothesenkram täuschen lassen und denselben bald zweihundert Jahre lang wie ein symbolisches Glaubensbekenntniss gedankenlos abgebetet. Nach Schopenhauer's Ausspruch ist die Urtheilskraft bei den meisten Menschen nur rudimentarisch, oft sogar nur nominell, vorhanden. „Wer dies für hyperbolisch hält," fügt er hinzu, „betrachte das Schicksal der Göthe'schen Farbenlehre, und wundert er sich, dass ich daran einen Beleg finde; so hat er selbst einen zweiten dazu gegeben."

Figur 8.
macht die Stellung der physischen Farben nach ihrem relativen dynamischen Werthe in dynamische Kreise anschaulich: Gelb $45^0$, Orange $90^0$, Roth $135^0$, Grün $225^0$, Blau $270^0$,

Violett 315°. Die absolut positiven Farben, die der Lichtseite angehören, sind mit einem Stern bezeichnet. — In ihrer Lage bilden die drei Grundfarben: Gelb, Roth und Blau, und die drei Mischfarben: Orange, Grün und Violett, wenn sie mit Linien verbunden werden, zwei gegen einander gerichtete Dreiecke. Die Complementärfarben sind ebenfalls mit Linien verbunden, die parallellaufend sind und den Meridian des dynamischen Kreises rechtwinklig durchschneiden.

Mit leichter Mühe können die Apparate zu den in meinen Vorträgen angegebenen Experimenten besorgt werden; zu diesen gehören:
1) Ein Prisma, dessen brechende Kante einen Winkel von 30 = 60 Grad haben kann. In der Stelle eines Prisma's kann allenfalls ein gewöhnliches, dreieckiggeschliffenes Glas, wie zu Kronleuchtern, dienen.
2) Ein Vergrösserungsglas.
3) Ein Verkleinerungsglas.
4) Zwei Stäbchen, etwa einen kleinen Finger dick, zwei Fuss lang, das eine orange, das andere blau angestrichen und beide neben einander befestigt.
5) Ein etwa 4 Zoll langes und 3 Zoll breites Blech, welches mit den sechs Hauptfarben, nach ihrer prismatischen Reihenfolge, angestrichen ist.
6) Einige Blättchen farbige, weisse, schwarze und graue Papiere.

# Berichtigungen.

Der Leser wird ersucht die folgenden Fehler zu berücksichtigen:

| Seite | 3, 4, 5 | statt | Helmholz | lies: | Helmholtz. |
|---|---|---|---|---|---|
| „ | 6 | „ | Thomas Meyer | „ | Thobias Meyer. |
| „ | 11 | „ | Nuguent | „ | Nuguet. |
| „ | 13 | „ | Sonnenbild | „ | prismatisches Bild. |
| „ | 16 | „ | Sonnenbild | „ | prismatisches Bild. |
| „ | 22 | „ | gemalte Mucken | „ | gemalte Newton'sche Mucken. |
| „ | 41 | „ | Sonnenbild | „ | prismatisches Bild. |

# Namen-Register.

Aderholdt, Dr., p. 5. 15. 21. 22. 33. 43. 67. 87.
Aguillonius, Franciscus, p. 151.
Arago, p. 59. 68. 69.
Aristarchos v. Samos, p. 45.
Bacon, Roger, p. 114.
Beckmann, Architekturmaler, Professor, p. 7.
Berard, p. 153.
Brougham, p. 134.
Biot, p. 50. 53. 55. 59. 68. 70. 135. 136. 153. 155.
Borelli, p. 90.
Bourgeois, Maler, p.134.
Castel, Pater, p. 6. 15. 46. 58. 80. 86. 100. 109.
Chladni, p. 137.
Columbus, p. 45. 93.
Cominale, Cölestin, p.6.
Comparette, p. 133.
Copernicus, p. 4. 45.
Cuvier, p. 75.
Descartes, p. 51.
Dittmann, Dr., p.94. 95.
Dollond, p. 38.
Dove, Prof., p. 5. 15. 22. 23. 25. 30. 45. 52. 63. 73. 81. 87.
Eastlake, Charles, Maler, p. 9. 83. 84.
Erxleben, p. 99.
Fresnel, p. 52.
Fischer, Prof., p. 136.
Forster, Georg, p. 6.
Franklin, p. 154.
Frauenhofer, p. 138.
Eries, Prof., p. 17.
Funcius, p. 11.
Gautier, Maler, p. 6. 29. 41. 134.
Gay-Lussac, p. 153.
Göttling, p. 6.
Graham, p. 75.
Grävell, Dr., p. 2. 6. 7. 9. 21. 22. 25. 26. 33. 35. 44. 52. 56. 57. 58. 60. 64. 65. 66. 68. 69. 70. 74. 86. 93.
Gren (Halle) p. 66. 104. 105. 123.
Grimaldi p. 119.
Guyot, p. 6.
Hantzsch, Rudolph, p. 59.
Hassenfraz, p. 126.
Helmholtz, Prof., p. 3. 4. 5. 87.
Hooke, p. 12. 90. 93.
v. Humboldt, Alexand., p. 72, 96.
Huyghens, p. 51. 108.
Jungenhous, p. 155.
Kant, p. 8. 55. 56. 81.
Keppler, p. 76.
Kircher, p. 11.
Klügel, p. 104.
Knebel, p. 79. 85. 97. 98. 100. 101. 118. 119. 120. 121. 122. 123. 124. 125. 126. 127. 128. 129. 130. 133.
Lambert, p. 45.
Lewes, p. 154.
Lichtenberg, p. 99. 104. 120. 121. 122.
Locke, p. 2. 19. 49. 50.
Loder, p. 6.
Lohmeier, p. 43.
Lucas, Antonius, p. 33. 34.
Marat, p. 6. 134.
Mariotte, † 1684, p. 6. 32. 86.
Mellish, p. 117.
Melloni p. 75.
Meyer, Heinrich, Prof., p. 108. 125.
Meyer, Thobias, p. 6.
Müller-Pouillet, p. 59.
Muschenbrock, p. 69.
Nuguet, Lazarus, p. 11.
Oken, p. 6. 54. 55.
Pemberton, p. 90.
Picard, p. 92.
Pfaff, C. H. in Kiel, p. 35. 127. 132.
Pfaff, J. W. in Tübing., p. 6.

Pope, p. 95.
Pouillet, q. 75.
Ptolemäus, p. 4.
Reade, Joseph, p. 79.
 98. 129.
Riedel, Maler, p. 83.
Riemer, p. 82.
Rizzetti, Joh., p. 6. 29.
Ritter, J.W., p. 123. 153.
Rösslin, Dr., p. 76.
Schelling, p. 6.
Scherfer, p. 75.
Schiller, p. 6. 46. 80.
 98. 99. 100. 101. 102.
 105. 106. 110. 113.
 115. 116. 117. 118.
 122.

Schlosser, Göthe's Schwager, p. 109.
Schopenhauer, p. 3. 6. 7. 10. 15. 44. 48. 49. 55. 60. 65. 69. 75. 84. 89. 160.
Schultz, Staatsr., p. 85. 97. 98. 99. 131. 132. 133. 134. 135. 136.
Schweigger, J. S., p. 131. 134.
Seebeck, Tho. Johann, Prof., p. 85. 124. 126. 128. 129. 130. 133. 136. 139. 154.
Snellius, p. 108.

Sömmering, p. 6.
Stolberg, Ch., Graf, p 99..
Tralles, Prof., p. 135.
Vinci, Leonhardo da-, p. 72, 123.
Voigt, Prof., p, 99.
Voltaire, p. 91.
Weiss, Dr., p. 135.
Wolf, F. A., p. 6.
Wollastons, p. 153.
Wünsch, Frankf. a. O., p. 66. 104.
Young, p. 75.
Zelter, p. 17. 61. 76. 98. 131. 138. 140.
v. Zimmermann, p. 44.

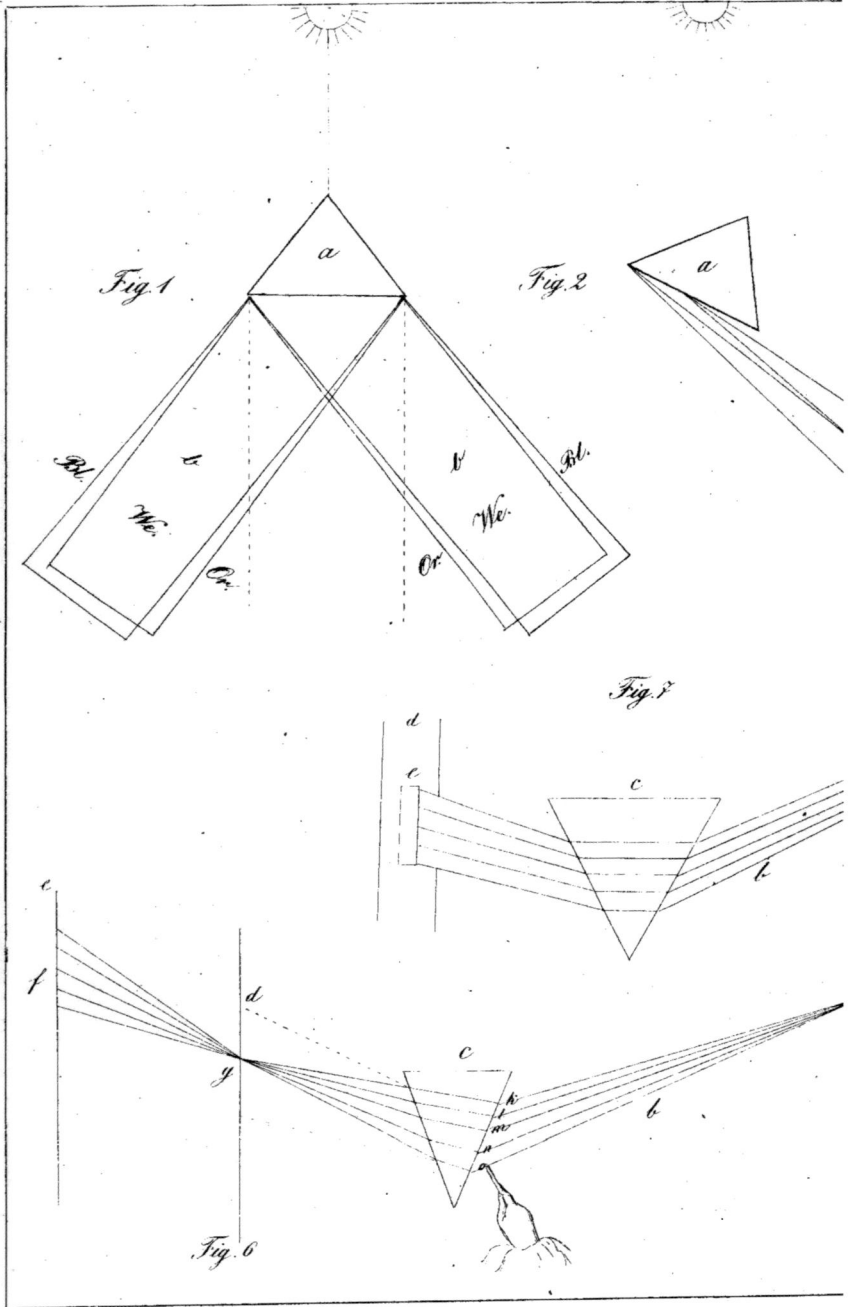

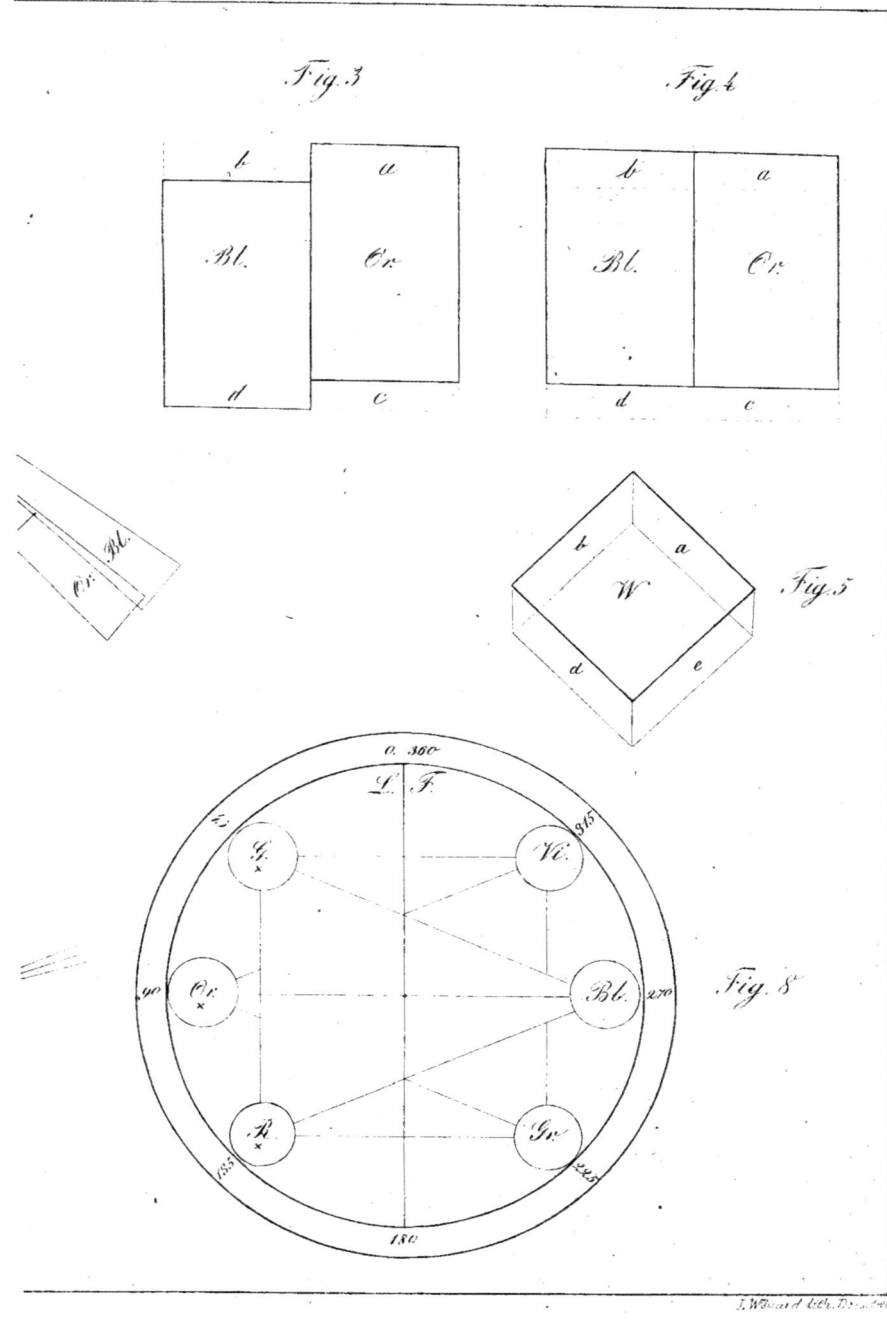